내 **아이**에게 해주는
사계절 **요리**

Foreign Copyright:
Joonwon Lee
Address: 127, Yanghwa-ro, Mapo-gu, Chomdan Building 6ᵗʰ floor,
　　　　　Seoul, Korea
Telephone: 82-70-4345-9818
E-mail: jwlee@cyber.co.kr

내 아이에게 해주는 사계절 요리

2014. 3. 5. 1판 1쇄 발행
2017. 7. 12. 1판 2쇄 발행

저자와의
협의하에
검인생략

지은이 | 이현진
펴낸이 | 이종춘
펴낸곳 | BM 주식회사 성안당
주소 | 04032 서울시 마포구 양화로 127 첨단빌딩 5층(출판기획 R&D 센터)
　　　10881 경기도 파주시 문발로 112 출판문화정보산업단지(제작 및 물류)
전화 | 02) 3142-0036
　　　031) 950-6300
팩스 | 031) 955-0510
등록 | 1973. 2. 1. 제406-2005-000046호
출판사 홈페이지 | www.cyber.co.kr
ISBN | 978-89-315-7982-6 (13590)
정가 | 17,000원

이 책을 만든 사람들
책임 | 최옥현
편집 | 정지현
기획·진행 | 상:想 company
교정·교열 | 김성규
표지·본문 디자인 | 상:想 company
홍보 | 박연주
국제부 | 이선민, 조혜란, 김해영, 고운채, 김필호
마케팅 | 구본철, 차정욱, 나진호, 이동후, 강호묵
제작 | 김유석

www.cyber.co.kr
성안당 Web 사이트

■ 도서 A/S 안내

성안당에서 발행하는 모든 도서는 저자와 출판사, 그리고 독자가 함께 만들어 나갑니다.
좋은 책을 펴내기 위해 많은 노력을 기울이고 있습니다. 혹시라도 내용상의 오류나 오탈자 등이 발견되면 "좋은 책은 나라의 보배"로서 우리 모두가 함께 만들어 간다는 마음으로 연락주시기 바랍니다. 수정 보완하여 더 나은 책이 되도록 최선을 다하겠습니다.
성안당은 늘 독자 여러분들의 소중한 의견을 기다리고 있습니다. 좋은 의견을 보내주시는 분께는 성안당 쇼핑몰의 포인트(3,000포인트)를 적립해 드립니다.

잘못 만들어진 책이나 부록 등이 파손된 경우에는 교환해 드립니다.

내 아이에게 해주는
사계절 요리

이현진 지음

BM 성안당

아이는 엄마의
사랑을 먹고 자랍니다

따르릉~ 알람 소리와 함께 오늘도 바쁜 아침이 시작됩니다.
남편, 아이들을 차례로 챙겨 보내고 문득 어린 시절을 생각해 보면, 당시 엄마가 해주신 맛
있는 음식을 먹으며, 가족들이 둘러 앉아 웃던 기억, 친구들이 놀러와 간식을 먹으며 놀았
던 행복했던 순간들이 마치 그림처럼 스쳐 지나갑니다.

요즘 아이들은 나중에 행복했던 추억을 떠올릴 때 어떤 모습을 떠올릴까요?
여러 가지 떠오르는 추억이 있겠지만, 가족과의 식탁이 행복한 순간 중 가장 먼저 떠올라
야 되지 않을까 싶어요. 음식이 주인공은 아니지만, 어떤 추억과 함께 떠오르는 음식은 행
복했던 추억을 되살리는 중요한 매개체로 나이가 들면 그 맛을 찾기도 하고, 그 맛에서 행
복을 느낀다고 해요. 내 아이가 엄마가 해준 음식을 생각하면 풍요롭고 행복한 추억만 떠
오르면 좋겠습니다.

이 책은 소소한 순간을 소중하게 여기며 아이들에게 자랑스러운 엄마,
센스 있는 엄마가 되기 위해 노력하는 어쩌면 모든 엄마들에게 꼭 필요한 책입니다.
매일 먹는 음식은 아무것도 아닌 듯 보일 수 있지만, 가족들을 더 건강하게 해주고, 더 당당하게 사랑 받고
있다는 것을 느낄 수 있는 몸과 마음의 영양제이고, 잊혀지지 않는 기억이 되어 가족과 함께 합니다. 요즘처
럼 바쁘고, 여유가 없는 삶을 살아가면서, 이럴 때일수록 음식으로 엄마의 사랑과 정성을 담아 준다면 아이
들은 더 힘차게, 더 씩씩하게, 더 당당하게 잘 자라날 수 있답니다.

이 책은 아이의 1년 스케줄에 따라 엄마가 아이를 위해 요리하고, 아이와 함께 요리할 수 있도록 구성되었어
요. 학부모인 엄마들은 이 책의 앞에 있는 아이의 1년 스케줄을 보면서, 여유 있게 내 아이의 1년을 계획해
보세요. 신학기에 친구들을 초대할 때, 아이의 생일 파티, 크리스마스 파티, 파자마 파티 등 아이를 위해 꼭
필요한 행사에 집에서 아이와 함께 만든 요리를 예쁘게 세팅해서 홈메이드 파티를 여는 것도 조금만 정성이
있다면 어려운 일이 아닙니다.
아이는 엄마와의 요리 시간을 가장 재미있어 하면서 평생 좋은 추억이 될 거예요. 그리고 아이들도 자기가
만든 것에 애정이 있어서 편식이나 나쁜 습관도 고칠 수 있는 좋은 시간이 됩니다.

저는 아이를 위해 요리하는 것을 가장 좋아하는 엄마입니다.
이 책은 두 딸의 엄마인 제가 실제로 저희 아이들에게 자주 해주는 음식을 담은 책이에요.
책 안의 레시피들은 엄마들이 쉽고 간단하게 따라할 수 있으면서도 가장 영양가 높은 제철 식재료를 활용하
여 자연 그대로의 맛을 아이에게 기억하게 해줄 수 있는 음식들입니다.
음식과 약은 그 근원이 같다고 하는 "약식동원"이라는 말이 있듯이 제철에 나는 식재료를 선택하여 활용하
는 것이 아이를 위해 더 맛있고 건강한 음식을 만드는 방법이에요.

이 책은 엄마의 음식이 세상을 바꾼다는 거창한 얘기가 있는 책은 아니지만, 작은 변화로 음식에 사랑을 담
아 엄마들과 함께 나누고 싶은 저의 마음을 담은 책입니다.
이 책의 레시피를 엄마와 아이가 하나하나 따라해 보며 즐겁게 요리하다 보면 엄마가 해준 음식이 가장 맛있
고 건강한 음식이라는 것을 알고 엄마의 사랑을 느낄 수 있습니다.

아이가 엄마의 사랑을 느끼며 맛있고 행복한 시간을 보낼 수 있기를 바랍니다.

Contents

PART 1. Spring

새학기의 시작
봄!

PART 2. Summer

싱그러운
여름!

PART 3. Fall

오곡백과 풍성한 가을!

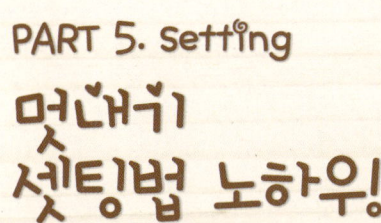

PART 4. Winter
가슴 따뜻한 겨울!

PART 5. Setting
멋내기 셋팅법 노하우!

MOM'S NOTE

우리 주변에서 쉽게 구할 수 있는 좋은 영양 식재료를 이용하여 내 아이를 위한 건강한 요리를 만들어 주세요. 이 책에서 소개하는 요리법과 아이디어를 잘 활용하다 보면, 아이의 식습관도 좋아지고 아이도 건강하게 자라게 될 거예요.

내 아이를 위한 1년 스케줄

새학기가 되면 설레이는 마음과 함께 엄마는 신경 쓸 일이 많아져 걱정이 늘어납니다. 이럴 때일수록 아이의 1년 스케줄을 미리 챙겨 아이가 학교 생활에 잘 적응할 수 있도록 엄마의 적극적인 지원이 필요할 것 같아요. 식사 등 기본 습관을 재정리해주고, 아이의 교우 관계가 형성되는 중요한 때이므로 아이와 함께 좋아하는 간식을 만들어 친구들을 초대해 주세요. 특별한 날에는 집에서 편안한 홈파티를 열어 아이의 스트레스를 해소해 주고, 아이의 기를 살려 주는 엄마가 되어 보세요.

Spring			Summer		
3월	4월	5월	6월	7월	8월
3.1절	식목일	어린이날	호국보훈의 달 행사	제헌절	칠석
*입학식	장애인의 날	어버이날	현충일	*기말고사	광복절
*새학기	과학의 날	스승의 날	단오	*여름방학 시작	*여름방학
*학부모 총회	*현장학습	석가탄신일			
*학급회장단 선거		*신체검사			

Special Recipe

새학기 친구초대 (046p)
• 아이의 멋진 새학기를 위한 엄마표 특별한 요리

어린이날 홈메이드 파티 (070p)
• 아이와 함께 만드는 홈파티 레시피

가족나들이를 위한 도시락 (096p)
• 아이와 함께 만드는 샌드위치 도시락

아이와 감성 캠핑 (120p)
• 아이와 함께 만드는 캠핑의 추억

Carrot-Cupcakes

	Fall			Winter	
9월	10월	11월	12월	1월	2월
추석	개천절	*기말고사	동지	신정	설날
*가을운동회	한글날	*학예회	성탄절	*겨울방학	정월대보름
*독서 관련 행사	*현장학습		*겨울방학 시작		
*학급회장단 선거	*할로윈				

*는 학기별 아이들의
기본 학급 일정입니다.

아이와 함께 만드는 추석 음식(146p)
• 알록달록 오색 송편 만들기

할로윈 쿠키와 포장하기(170p)
• 아이와 함께 할로윈 쿠키 만들기

크리스마스 홈파티(198p)
• 아이와 함께 만드는 크리스마스 푸딩 & 장식

겨울방학, 친구들과 즐기는 파자마 파티(222p)
• 친구들과 함께 파자마 파티 간식 만들기

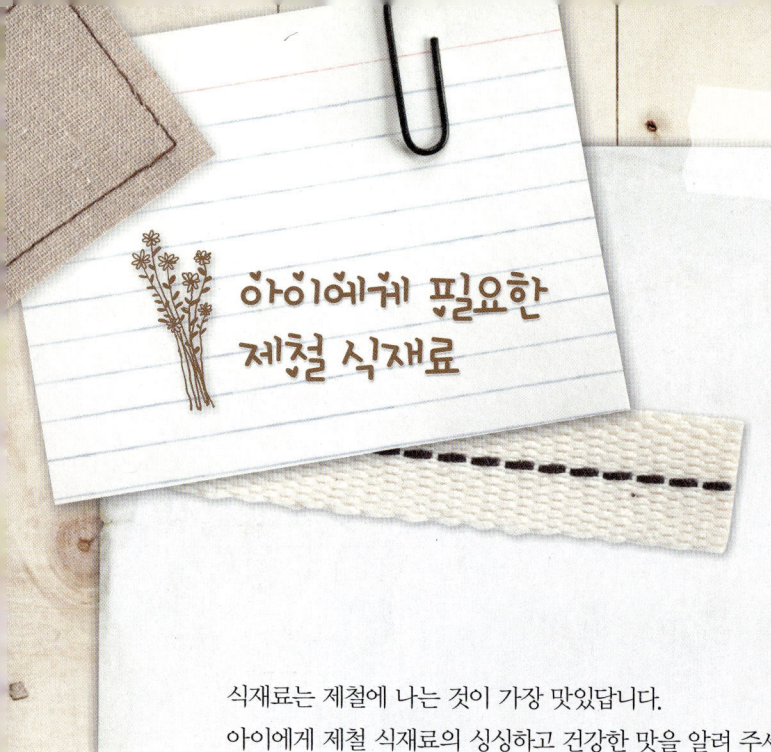

아이에게 필요한 제철 식재료

식재료는 제철에 나는 것이 가장 맛있답니다.
아이에게 제철 식재료의 싱싱하고 건강한 맛을 알려 주세요.
음식의 맛은 재료의 맛이라고도 할 수 있지요.
제철에 나는 식재료는 맛이 깊고 풍부해서 더 맛있는
요리를 만들 수 있어요.
요즘에는 하우스 재배로 제철이 아닌 식재료도 구할 수 있지만,
제철 식재료보다 농약이나 화학비료를 더 많이 쓰기도 해서
몸에는 이롭지 않아요.
그러니 제철 식재료가 훨씬 더 안전하겠지요.
또 제철 음식을 먹으면 아이의 면역력도 기를 수 있답니다.
이렇게 영양이 풍부한 제철 식재료를 이용해 요리하는
현명한 엄마가 되어 보세요.

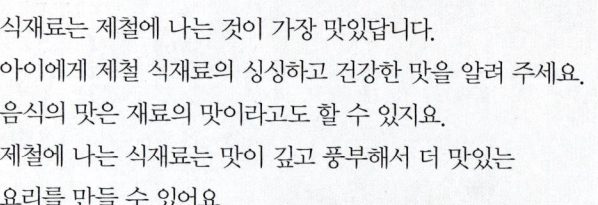

아이에게 꼭 필요한 비타민

채소와 과일에는 비타민과 무기질이 많아 아이 면역력을 높여 주는 식품입니다. 특히, 비타민 B·C는 껍질에 많이 들어 있으므로 껍질째 먹거나 껍질을 얇게 벗겨서 먹으면 좋아요. 호두와 아몬드 등 견과류에는 아이 두뇌 활동에 도움을 주는 오메가-3 지방산과 비타민 E, 항산화물질인 비타민 B군이 들어 있어 아이가 꼭 먹어야 할 식품입니다.

Spring

Vegetable
고비, 곰취, 냉이, 달래, 도라지, 돌나물, 두릅, 마늘, 마늘종, 머위, 봄동, 부추, 상추, 시금치, 쑥, 쑥갓, 아스파라거스, 양배추, 양상추, 얼갈이배추, 열무, 완두콩, 원추리, 유채, 죽순, 참나물, 취나물, 파

Seafood
가자미, 갑오징어, 김, 꼬막, 꽁치, 꽃게, 넙치, 도미, 멍게, 멸치, 모시조개, 미역, 바지락, 병어, 오징어, 조기, 주꾸미, 참치, 키조개, 톳, 파래, 황태

Fruit
딸기, 레몬, 앵두, 체리, 한라봉

Summer

Vegetable
가지, 감자, 근대, 깻잎, 껍질콩, 노각, 단호박, 도라지, 마늘, 부추, 브로콜리, 상추, 셀러리, 시금치, 애호박, 양배추, 양파, 얼갈이배추, 오이, 옥수수, 토마토, 파프리카, 풋고추, 풋콩, 피망

Seafood
갈치, 갑오징어, 고등어, 광어, 문어, 민어, 병어, 삼치, 성게, 오징어, 장어, 전갱이, 전복, 조기, 홍어

Fruit
매실, 멜론, 복분자, 복숭아, 블루베리, 살구, 수박, 아보카도, 앵두, 오디, 자두, 참외, 포도

Fall

Vegetable
고구마, 고구마줄기, 고추, 깻잎, 늙은호박, 당근, 송이버섯, 대파, 무, 배추, 순무, 연근, 우엉, 옥수수, 쪽파, 토란, 토란줄기, 표고버섯

Seafood
가자미, 갈치, 고등어, 광어, 굴, 김, 꼬막, 꽁치, 꽃게, 낙지, 대구, 대하, 대합, 모시조개, 문어, 미꾸라지, 미역, 바지락, 삼치, 새우, 생태, 소라, 연어, 오징어, 장어, 전어, 조기, 참게, 청어, 톳, 파래, 홍합

Fruit
감, 대추, 모과, 무화과, 밤, 배, 사과, 석류, 오미자, 유자, 은행, 잣, 키위, 포도, 호두

Winter

Vegetable
꽃양배추(콜리플라워), 냉이, 달래, 당근, 무, 미나리, 배추, 브로콜리, 산마, 시금치, 시래기, 우엉, 움파

Seafood
갈치, 고등어, 광어, 굴, 김, 꼬막, 낙지, 넙치, 다시마, 대게, 대구, 동태, 모시조개, 문어, 미역, 민어, 바지락, 병어, 삼치, 새우, 생태, 아귀, 전복, 키조개, 톳, 파래, 홍합

Fruit
귤, 키위

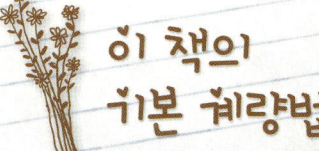

이 책의
기본 계량법

* 요리를 많이 하다 보면 재료와 양념의 비율을 감으로 알게 되지만, 요리에 익숙하지 않은 엄마는 계량법을 지켜서 요리하는 게 좋아요. 양념할 때는 집에 있는 밥숟가락과 종이컵을 기준으로 계량하고, 입맛에 맞게 양을 조절해 간을 맞춰 주세요.
* 소금이나 후춧가루의 약간은 엄지와 검지로 집을 수 있는 소량을 말합니다.

밥숟가락 계량법

가루재료
(설탕, 소금, 통깨 등)

1큰술
밥숟가락으로 수북이 떠 위로 약간 올라오게 담아요.

1/2큰술
밥숟가락의 절반 정도만 볼록하게 담아요.

1/3큰술(1작은술)
밥숟가락의 1/3 정도만 볼록하게 담아요.

다진 재료
(다진 마늘, 다진 생강 등)

1큰술
밥숟가락으로 수북이 떠 위로 약간 올라오게 담아요.

1/2큰술
밥숟가락의 절반 정도만 볼록하게 담아요.

1/3큰술(1작은술)
밥숟가락의 1/3 정도만 볼록하게 담아요.

장류
(고추장, 된장 등)

1큰술
밥숟가락으로 가득 떠 위로 약간 올라오게 담아요.

1/2큰술
밥숟가락의 절반 정도만 볼록하게 담아요.

1/3큰술(1작은술)
밥숟가락의 1/3 정도만 볼록하게 담아요.

액체류
(간장, 기름, 식초 등)

1큰술
밥숟가락 표면이 찰랑거리도록 가득 담아요.

1/2큰술
밥숟가락 가장자리가 보이도록 절반만 담아요.

1/3큰술(1작은술)
밥숟가락의 1/3 정도만 담아요.

액체류
(육수, 물 등)

1컵은 200ml
종이컵에 가득 담아요.

가루재료
(밀가루, 빵가루 등)

1컵은 100g
종이컵에 가득 담고 윗면을 깎아요.

손대중 계량법

스파게티 1줌 1인분

시금치 1줌 50g

숙주 1줌 50g

나물 1줌 50g

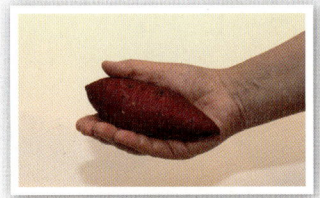

고구마/감자 1개 150g

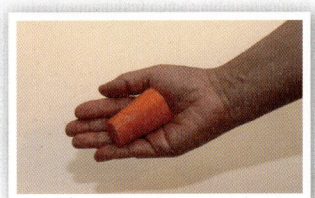

당근 1/4개 40g

양파 1/4개 50g

파프리카 1/4개 40g

브로콜리 1/4개 50g

아이요리 상차림 추천 재료·도구

추천 재료

기름

포도씨유 포도씨유나 해바라기씨유는 쉽게 타거나 눌어붙지 않아서 볶음, 튀김 등 다양한 요리에 사용할 수 있어요. 특히 포도씨유는 향이 거의 없고 모든 요리에 두루 사용할 수 있어요. 또 비타민 E가 아주 많이 들어 있어요.

올리브유 올리브유는 향이 강하고 발연점이 낮아 생으로 빵을 찍어 먹거나 샐러드드레싱으로 사용할 수 있어요. 고온에서 사용할 때는 포도씨유와 섞어서 사용하면 좋아요. 플라스틱 용기에 들어 있는 제품은 아무래도 환경호르몬의 영향을 받을 수도 있으니 유리병에 들어 있는 제품을 구입하는 게 좋을 듯해요.

올리브유

포도씨유

아가베시럽

마스코바도

단맛

아가베시럽 단맛을 내려고 사용하는 제품 중 아가베시럽은 선인장에서 추출한 천연감미료로 음식에 감칠맛을 풍부하게 해줘요. 일반 설탕보다 당도는 높지만 미네랄이 풍부해 아이요리에 사용하기 좋아요. 시럽 형태라 주스 만들 때 넣어도 좋아요.

마스코바도 음식에 설탕을 넣어야 한다면 비정제 설탕인 마스코바도를 사용하세요. 우리가 보통 사용하는 정제 설탕에는 미네랄이 거의 들어 있지 않아요. 가장 낮은 단계의 정제를 거친 마스코바도는 영양학적으로도 우수하여 아이요리에 사용하기 좋은 재료랍니다.

허니파우더 꿀을 과립형으로 만든 것으로 선인장에서 캐낸 꿀로 만든 재료예요. 꿀 대신 편리하게 사용할 수 있어요. 칼로리 지수도 낮아 몸에도 좋아요.

허니파우더

자연숙성간장

천일염

짠맛

자연숙성간장 아이요리에는 간장을 넣어 조리하는 음식이 많아요. 양조간장을 구입할 때는 유전자 조작콩이나 탈지 대두로 만든 간장은 아닌지, 산을 분해한 간장은 아닌지 꼭 확인하고 구입하세요.

천일염 천일염은 가공하지 않아 미네랄과 무기질이 많이 함유되어 있어요. 정제염은 나트륨만 남은 소금이고, 맛소금은 MSG를 첨가한 조미소금이에요. 그러니 채소, 생선을 절일 때는 굵은 천일염, 요리용은 고운 천일염을 사용하세요.

기타

홀그레인 머스터드 겨자씨가 들어 있는 머스터드로, 겨자 고유의 맛과 씹는 맛이 있어요. 샌드위치, 고기요리, 다양한 소스를 만들 때 사용하면 요리의 풍미를 살릴 수 있답니다.

치킨스톡 육수가 급하게 필요할 때 사용하면 좋아요. 큐브 형태의 치킨스톡은 따뜻한 물에 녹여 사용하세요. 아이들이 좋아하는 스파게티 소스를 만들 때도 사용하는데, 아무래도 인공조미료이므로 조금씩만 요리에 사용하세요.

바닐라빈 베이킹할 때는 인공 바닐라향이 아닌 천연 바닐라빈을 사용하세요. 길쭉한 모양으로 속의 씨는 긁어서 사용하세요. 약간 비싼 재료지만 조금만 넣어도 달콤한 바닐라향이 진하게 풍겨져 좋아요.

샘크림 크림스파게티나 베이킹요리에 사용하는 샘크림은 당분이나 기타 재료가 섞이지 않은 우유 100% 제품을 고르세요. 생크림과 자주 혼동하는 휘핑크림은 보형성이 좋아 장식용으로 많이 사용하는데, 식물성 지방에 안정제와 유화제, 당분을 넣어 만든 것이지 우유로 만든 것은 아니니 유의하세요.

버터 버터는 100% 우유에서 분리한 지방으로 만드는데, 소금을 넣은 가염버터와 소금을 넣지 않은 무염버터가 있어요. 마가린은 식물성 기름에 수소를 결합시켜 경화유를 만든 뒤 유화제와 소금 등을 첨가한 인공버터예요. 그러니 아이요리에는 100% 우유버터를 사용하세요.

레몬주스/라임주스 5배 농축된 레몬, 라임 추출액과 정제수로 만든 주스로, 레몬이나 라임이 필요한 요리에 주로 사용해요. 샐러드드레싱, 생선요리, 디저트, 음료, 베이킹할 때 편리하게 사용할 수 있어요.

홀그레인 머스터드

치킨스톡

바닐라빈

버터

샘크림

레몬주스/라임주스

핸드믹서 계란 거품을 내거나 생크림을 휘핑할 때 사용하면 좋은 도구예요. 힘들여 섞지 않아도 쉽게 풍부한 거품을 만들 수 있어 시간도 단축할 수 있어요. 집에서 간단히 홈베이킹할 때 유용해요. 핸드믹서가 없을 때는 손거품기를 이용하세요.

실리콘집게/실리콘솔 실리콘집게는 실리콘 부분의 내열 온도가 높아 요리의 재료를 삶거나 조리할 때 안전해요. 열에도 강해 환경호르몬으로부터 안전해요. 실리콘솔은 소스나 오일, 계란물 등을 바를 때 사용하면 편리하고 좋아요.

그릴팬 고기나 채소를 구울 때나 샌드위치를 만들 때는 그릴팬을 사용하세요. 채소에 난 선명한 그릴자국을 보면 아이도 재미있어 하면서 맛있게 먹을 거예요. 집에서도 잘만 이용하면 고급 레스토랑의 스테이크를 만들어 먹을 수 있어요.

쿠키틀 쿠키틀은 모양쿠키 외에도 다양한 아이요리에서 활용할 수 있어요. 카나페를 만들 때 햄과 치즈를 예쁘게 잘라서 모양을 낼 수도 있어요. 두부나 계란을 이용한 요리를 할 때도 쿠키틀을 이용해 예쁜 요리를 만들어 보세요.

아이 앞치마 특별한 기념일에는 아이와 함께 요리하는 시간을 가져 보세요. 아이들은 엄마와 요리하는 것을 무척 즐거워해요. 이럴 때 아이 전용 앞치마를 준비하면 아이는 요리하는 것을 더욱 즐거워하고 적극적으로 참여하게 되어요. 아이와 함께 앞치마를 두르고 즐거운 요리 체험 시간을 자주 가져 보세요.

핸드믹서

실리콘집게/실리콘솔

그릴팬

쿠키틀

아이 앞치마

식탁매트

수프볼

나무꼬치와 나무스틱

미니 손거품기

디저트 플라스틱컵

식탁매트 아이 전용 앞치마 외에 아이 전용 식사 공간도 만들어 주면 좋아요. 아이가 식사하는 공간에 식탁매트를 깔아 주면 아이도 주어진 공간 안에서 스스로 식사 매너를 지키려고 할 거예요. 아이가 음식을 흘려도 쉽게 닦아낼 수 있는 방수용 식탁매트는 엄마에게도 편리한 아이템이에요.

수프볼 작고 예쁜 수프볼은 수프나 국물 요리를 담기에 편하지요. 여기에 아이 볶음밥이나 간식을 담아도 좋아요. 손잡이가 있는 수프볼은 아이가 손잡이를 잡고 먹을 수 있어 음식을 엎지르는 것을 막을 수 있어요.

나무꼬치와 나무스틱 아이요리는 한손에 들고 먹기 좋은 핑거푸드가 많아요. 파티 요리를 할 때 만드는 핑거푸드에도 꼬치로 꽂은 예쁜 요리가 잘 어울려요. 편식이 심한 아이에게는 평소에 먹지 않는 채소를 꼬치에 꽂아 주면 먹는 재미가 있어 아이가 잘 먹을 수 있어요.

미니 손거품기 크기가 아담한 미니 손거품기는 한손에 쏙 들어와 사용하기 쉽고, 세척도 편리해요. 각종 소스를 만들 때 골고루 섞을 수 있고, 계란요리를 할 때도 안성맞춤이라 생각보다 활용도가 높아요.

디저트 플라스틱컵 보통 푸딩이나 티라미슈케이크를 만들 때 사용하는 디저트 컵은 투명하고 가볍고 예뻐서 과일이나 음료를 담아줄 때 사용하면 좋아요. 베이킹 도구나 도시락 포장용품을 파는 인터넷 쇼핑몰에서 쉽게 구입할 수 있어요.

자주 이용하는 식재료·소품 Shop

식재료 Shop

농협a마켓 www.nhamarket.com

농협 하나로클럽에서는 싱싱한 제철 채소와 과일을 구입할 수 있어요. 우리 농산물만 판매하기 때문에 믿을 수 있어요. 양재동의 오프라인 매장은 연중 365일 영업하고 24시간 장을 볼 수 있는 곳이에요.

코스트코 www.costco.kr

다양한 치즈와 버터, 수입 채소와 과일을 저렴하게 구입할 수 있어요. 메이플시럽, 아가베시럽 등도 대용량으로 구입할 수 있어요. 양재점, 상봉점, 일산점, 양평점, 광명점, 대구점 등이 있어요.

신세계 SSG 푸드마켓 www.ssgfoodmarket.com

다양한 고급 수입 식재료와 유기농식품을 구입할 수 있는 곳이에요. 잘 찾아보면 아이의 영양 간식을 합리적인 가격에 구입할 수 있어요. 청담점, 부산 마린시티점이 있어요.

오트 www.otth.co.kr

오트는 수입식품 전문 쇼핑몰로 온라인으로 다양한 외국 식재료를 구입할 수 있어요. 직접 마트나 백화점을 나갈 시간이 없을 때 편리하게 집에서 동남아, 중국, 일본 식재료를 구입해 보세요.

이진진 www.ejinjin.com

아이와 함께 집에서 홈베이킹할 때 필요한 재료들을 저렴한 가격에 구입할 수 있는 곳이에요. 방산시장까지 나가지 않아도 제과·제빵재료를 편리하게 온라인으로 구입할 수 있어요.

소품 Shop

고속터미널 지하상가
반포 고속터미널 지하상가에는 예쁜 소품과 주방용품을 파는 가게가 많아요.
저렴하고 예쁜 물건들이 여기저기 숨어 있고, 지하상가 한쪽에는 소매전문 꽃상가도
함께 있어요.

고속터미널 경부선 꽃상가
반포 고속터미널 경부선 3층 꽃상가는 도매전문 꽃상가예요. 생화뿐만 아니라 조화,
포장용품, 유리화병, 도자기 제품 등을 구입할 수 있어요. 도매상가라 싱싱한 꽃을 알
뜰하게 구입할 수 있고, 월~토 밤 12시부터 오후 1시까지 영업해요.

쉬즈찜머 www.sheszimmer.com
정식 수입 절차를 거친 다양한 브랜드의 그릇들을 파는 쇼핑몰이에요. 덴비, 로스트
란드, 이딸라, 아라비아 핀란드 등의 그릇을 세트로도 구입할 수 있어요. 하남에 오
프라인 매장이 있어 직접 보고 구매할 수도 있어요.

호시노앤쿠키스 www.hosino.co.kr
아기자기하고 예쁜 수입 주방용품과 생활용품을 판매하는 곳이에요. 용인에 감각적
이고 예쁜 오프라인 매장이 있어 직접 보고 구매할 수 있어요.

엣홈샵 www.athomeshop.co.kr
엣홈샵은 다양한 종류의 패브릭 제품을 자체 제작해서 판매하는 곳이에요. 아
이와 엄마의 커플 앞치마, 아이에게 필요한 방수 식탁매트, 린넨 쿠션 등을 구입
할 수 있어요.

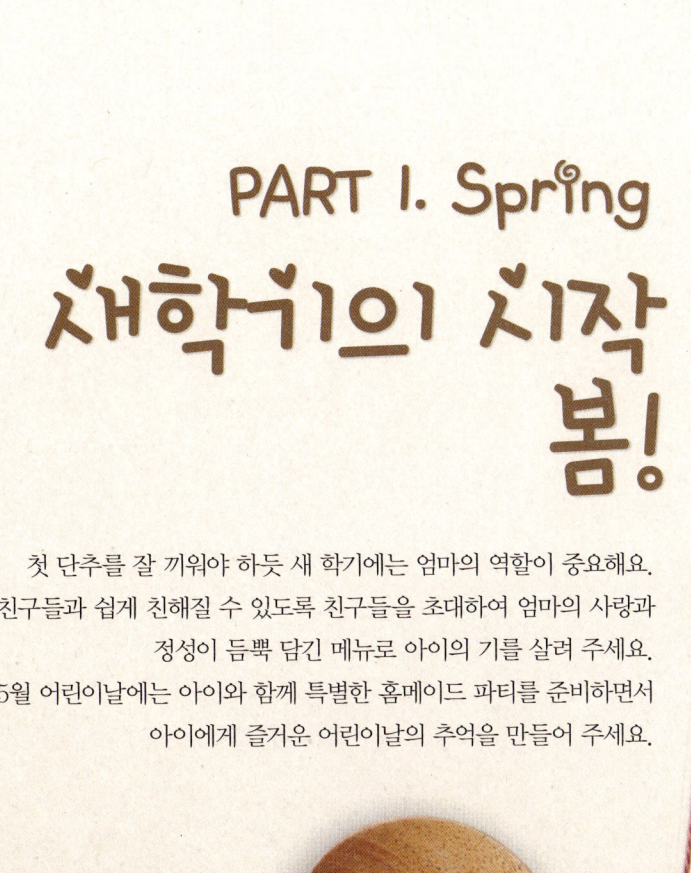

PART 1. Spring
새학기의 시작
봄!

첫 단추를 잘 끼워야 하듯 새 학기에는 엄마의 역할이 중요해요.
새학기에 새 친구들과 쉽게 친해질 수 있도록 친구들을 초대하여 엄마의 사랑과
정성이 듬뿍 담긴 메뉴로 아이의 기를 살려 주세요.
5월 어린이날에는 아이와 함께 특별한 홈메이드 파티를 준비하면서
아이에게 즐거운 어린이날의 추억을 만들어 주세요.

치킨 & 아스파라거스 꼬치구이

닭꼬치는 영양도 좋고 먹는 재미도 있어 아이가 좋아하는 메뉴예요.
닭안심살과 영양이 풍부한 봄철 아스파라거스로 꼬치구이를 만들어 보세요.
아이가 갑자기 친구를 데려왔을 때 집에 있는 버섯, 파프리카, 대파 등
채소를 이용해 다양한 꼬치구이를 만들어 주세요.

얌선생 Tip

- 집에서 만든 데리야키 소스는 냉장 보관해서 오래 사용할 수 있어요. 고기, 생선, 채소 등 어디에나 잘 어울리는 만능 소스예요.
- 작은 사이즈의 꼬치를 만들어 주면 아이가 먹기에도 편하고 먹는 재미가 있어서 더 잘 먹어요. 평소 아이가 좋아하지 않는 채소를 꽂아서 꼬치구이를 만들어 주세요.

 재료 준비하기

주재료
닭안심살 6개(200g), 아스파라거스 4개, 청주
1큰술, 소금 약간, 후춧가루 약간, 식용유 약간

데리야키 소스재료
레몬 1/2개, 마늘 2~3쪽, 생강 1조각, 말린 홍고추
1개, 간장 1컵, 물 1/2컵, 맛술 1/2컵, 설탕 1/2컵

굵은 아스파라거스는 끓는 소금물에
살짝 데쳐서 사용하면 좋아요.

1 데리야키 소스를 만들 분량의 재료를 냄비에
넣고 약불에서 1/2이 될 때까지 조린다.

2 닭안심살은 한입 크기로 잘라 청주, 소금에 재
운다.

3 아스파라거스의 밑부분은 필러를 이용해 껍질
을 벗긴다.

4 아스파라거스를 닭안심살과 비슷한 길이로 썰
어 꼬치에 번갈아 끼운다.

5 그릴팬에 기름을 두르고 앞뒤로 노릇하게 굽
는다.

6 닭안심살이 90% 이상 익으면 앞뒤로 데리야
키 소스를 바르며 구워 준다.

영양
식재료

아스파라거스는 무기질과 단백질 등 영양소가 많이 들어 있어 서양에서는 '채소의 왕'
이라고도 해요. 아랫부분의 질긴 껍질만 제거하고 살짝만 익혀 먹으면 아삭한 식감을
잘 살릴 수 있어요. 아스파라거스의 비타민 B1·B2는 신진대사를 활발하게 하여 아이
의 학업 스트레스 해소와 체력 증진에 도움을 주며, 봄철 나른한 피로를 풀어줘요. 채
소의 왕 아스파라거스로 요리한 음식으로 봄철 아이 입맛을 사로잡아 주세요.

하와이안 무스비 김밥

하와이안 무스비는 하와이에 거주하던 일본인들이
햄으로 초밥을 만들어 먹은 데서 유래되었다고 해요.
네모난 하와이안 무스비는 색다른 맛의 김밥으로 우리집만의 별미랍니다.

얌선생 Tip

● 평소 잘 먹지 않는 파프리카 등 다른 채소
  를 넣어도 좋아요.
● 네모난 무스비용 틀을 구입해도 되고, 간단
  하게 햄통조림에 랩을 깔고 사용해도 되요.

재료 준비하기

주재료
밥 2공기, 김 2장, 계란 2개, 네모난 햄통조림 1개,
노랑 파프리카 1/4개, 빨강 파프리카 1/4개, 소금
1/2작은술, 참기름 1큰술

1 계란 2개는 소금을 약간 넣어 잘 푼 뒤 프라이
팬에 0.5cm 두께로 굽는다.

2 햄을 0.5cm 두께로 썬 뒤 프라이팬에 굽는다.

3 파프리카는 얇게 채썰어 준비한다.

꾹꾹 눌러 주어야 예쁘게 모양이 유지되요.

4 따뜻한 밥에 소금 1/2작은술, 참기름 1큰술을
넣어 골고루 섞어 준다.

5 네모난 햄통조림에 랩을 씌우고, 밥, 햄, 파프
리카, 계란, 밥 순서로 넣고 눌러 준다.

6 완성된 밥을 빼서 랩을 벗긴 뒤 김 1/2장에 싸
서 얇게 썰어 준다.

파프리카는 봄부터 여름까지(5~7월)가 제철인 화려한 색의 채소로 비타민 A · C가 다른 채소
에 비해 월등히 많이 함유되어 있어요. 아삭하게 씹히면서 맵지 않고 단맛이 나 아이가 잘 먹으
니 파프리카를 아이요리에 듬뿍 넣어 요리해 보세요. 빨강 파프리카의 풍부한 비타민 A는 성장
기 어린이의 성장 촉진과 면역력 강화에 도움을 주고, 노랑 파프리카는 스트레스 해소에 도움
을 주는 성분이 들어 있다고 해요. 아토피가 있는 아이는 주황색 파프리카를 먹으면 좋아요.

리코타치즈 · 양상추 샐러드

리코타치즈는 만드는 방법과 재료가 간단해서 집에서도 쉽게 만들 수 있어요.
아이와 함께 직접 맛있는 치즈를 만들어 보세요.
바삭하게 구운 빵에 리코타치즈와 양상추를 올려 먹으면 든든한 한 끼 식사로 충분해요.

양선생 Tip

● 리코타치즈를 만들 때는 최대한 약불에서 데우
듯이 끓이세요(전기나 인덕션 같이 일정한 온도
의 조리기구를 사용하면 좋아요).

● 샐러드를 담는 그릇은 무늬가 있는 그릇보다는
심플한 흰색 계통의 그릇에 담으면 샐러드의 초
록색을 더욱 돋보이게 할 수 있어요.

재료 준비하기

주재료
리코타치즈(우유 2컵, 생크림 2컵, 레몬즙 3큰술,
소금 1작은술), 양상추 1/4개, 새싹채소 1줌, 아몬드
슬라이스 약간, 건크랜베리 약간, 잡곡식빵 2장

드레싱재료
올리브유 2큰술, 꿀 1큰술, 식초 2큰술, 간장 1큰술

1 냄비에 우유, 생크림, 레몬즙, 소금을 넣고 잘
섞어 준다.

불을 끄고 냄비에서
1시간 정도 식힌다.

2 약불에서 몽글몽글한 상태가 될 때까지 30~40
분 정도 끓인 뒤 불을 끄고 식힌다.

4~5시간 정도 물기를 뺀 뒤
냉장 보관해 주세요.

3 2를 면보에 부어 묶은 뒤 체 위에 올려 물기를
빼주면 치즈가 완성된다.

4 양상추와 새싹채소는 잘게 잘라 준비하고, 드
레싱재료를 분량대로 모두 섞어 준다.

5 식빵은 그릴팬에 구워 준다.

6 그릇에 채소, 리코타치즈, 건크랜베리, 아몬드
를 담아 구운 식빵과 함께 낸다.

양상추는 주로 샐러드요리를 만들 때 사용하는데, 비타민과 미네랄이
풍부해 빈혈 치료에 효과가 있다고 해요. 4월에 나는 제철 식재료지
만, 요즘에는 사시사철 아삭아삭한 식감으로 식욕을 돋우는 재료랍니
다. 양상추는 잎이 밝은 연두색을 띠고 들었을 때 묵직한 것을 골라야
속도 꽉 차고 싱싱해요.

두부참치 카레전

카레향이 솔솔 나는 고소한 두부참치 카레전은 어른, 아이 모두 좋아해요.
두부와 참치로 간단히 만들었지만
콩의 영양과 참치의 오메가-3가 만난 최고의 영양식이에요.

맘선생 Tip

● 아이들이 먹기 좋게 한입 크기로 만들어 주세요.
● 그릇에 담을 때는 4~5개 정도씩 적은 양을 담아 아기자기한 느낌이 나도록 해주세요. 또한 노릇한 색상과 잘 어울리는 색상의 작은 접시를 사용하면 더 좋아요.

재료 준비하기

주재료

참치 1캔, 두부 반모, 양파 1/4개, 대파 1/2개,
피망 1/4개, 계란 2개, 소금 1작은술, 후춧가루
약간, 카레가루 1큰술, 식용유 약간

1 참치는 체에 담아 기름기를 완전히 뺀다.

2 두부는 칼등으로 으깨어 준비한다.

3 양파, 대파, 피망을 잘게 다져 준비한다.

4 볼에 참치, 두부, 다진 채소, 소금, 후춧가루를
넣고 섞는다.

반죽에 물기가 생기면 녹말가루 1~2
큰술을 넣어 섞어 주세요.

5 반죽에 카레가루 1큰술과 계란을 넣어 섞어
준다.

6 프라이팬에 식용유를 두르고 한 숟가락씩 떠
서 노릇하게 지진다.

나른한 봄철 **카레**가 들어간 요리는 아이 입맛을 돋우고 카레 속 강
황에 들어 있는 '커큐민'이라는 성분이 면역력을 길러 주어 간질간질
한 봄철 감기 예방에 좋아요. '밭에서 나는 쇠고기'로 불리는 두부의
영양과 카레의 영양이 만난 요리로 아이를 건강하게 해주는 건강식
탁을 차려 보세요.

레몬 유부초밥

시판용 조미유부에 레몬껍질과 레몬즙을 넣어 특별한 레몬 유부초밥을 만들어 보세요.
새콤달콤한 레몬 유부초밥은 입맛이 없는 봄철에 입맛을 돋우고,
아이와 나들이 갈 때 도시락으로도 제격이에요.

얌샘쌤 Tip

- 레몬은 껍질까지 사용하기 때문에 식초와 베이킹 소다를 넣어 잘 닦은 뒤 소금으로 다시 한 번 꼼꼼히 문질러서 깨끗이 닦아 주세요.
- 완성된 유부초밥은 흰색 계열의 접시에 담아 주고 그 위에 검은깨를 뿌려 주세요. 짙은 검은색이 다소 밋밋해 보일 수 있는 유부초밥을 돋보이게 해주고, 고소한 맛이 음식의 맛을 돋구어 주어요.

재료 준비하기

주재료
레몬 1/2개, 밥 2공기, 조미유부 15개, 배합초
2큰술, 검은깨 약간

레몬세척재료
베이킹소다 1큰술, 식초 1큰술, 소금 1큰술

1 레몬은 베이킹소다와 식초로 닦은 뒤 다시 소
금으로 문질러 닦아 준다.

2 필러로 노란색 껍질을 벗긴다.

3 껍질은 잘게 다지고, 알맹이는 즙을 짜서 준비
한다.

4 밥 2공기에 배합초 2큰술, 짜낸 레몬즙 1큰술
과 다진 껍질을 넣어 섞는다.

아이용 유부초밥은 작고
동그랗게 만들어 주세요.

5 조미유부 안에 밥을 넣어 잘 눌러 가며 동그랗
게 만든다.

새콤하고 향이 좋은 **레몬**은 생선이나
육류 등 어떤 요리에도 잘 어울리는
재료입니다. 비타민 C가 풍부하여 피
부건강, 감기 예방, 피로 회복에도 좋
답니다. 한 번에 많은 양의 레몬을 구
입했을 때는 레몬절임을 만들거나 레
몬을 슬라이스하여 냉동 보관해 필요
할 때마다 사용하면 좋아요.

완두콩 난자완스

초록색 콩깍지 속에 들어 있는 완두콩을 아이는 신기해해요.
아이와 함께 완두콩도 까고, 동글동글한 완자를 만들면서 즐거운 요리 시간을 가져보세요.

얌선생 Tip

● 다진 고기에 계란과 녹말가루를 넣고 여러 번 치대
  야 완자 모양이 깨지지 않고 예쁘게 만들 수 있어요.
● 갈색의 고기와 녹색의 완두콩으로 이루어진 난자완
  스는 파스텔 베이지색의 북유럽스타일 접시에 담아
  주면 편안한 느낌이 들어 좋아요. 파스텔 색의 접시
  는 어떤 요리에도 잘 어울리는 아이템이에요.

o38

재료 준비하기

주재료
다진 돼지고기 300g, 계란 1개, 녹말가루 3큰술, 완두콩 1/2컵, 청주 1큰술, 간장 1큰술, 생강 1작은술, 후춧가루 약간, 튀김용 식용유 약간, 물 2컵, 소금 1작은술

소스재료
다진 마늘 1/2큰술, 녹말가루 2큰술, 물 1컵, 청주 1큰술, 간장 1큰술, 굴 소스 1/2큰술, 참기름 1/2큰술

반죽을 약간 질게 하면 식은 뒤에도 식감이 부드러운 완자를 만들 수 있어요.

아이들이 먹기 좋게 한입 크기로 만들어 주세요.

1 돼지고기와 청주, 생강 1작은술, 간장 1큰술, 후춧가루, 계란, 녹말가루 2큰술을 넣고 반죽해 여러 번 치댄다.

2 2cm 크기로 동그랗고 납작하게 완자를 만든다.

3 프라이팬에 식용유를 1cm 정도 붓고, 완자를 노릇하게 튀겨 준다.

4 완두콩은 소금을 넣은 끓는 물에 5분 동안 데친 뒤 꺼내어 녹말가루 1큰술 뿌려 놓는다.

5 프라이팬에 다진 마늘을 볶다가 청주, 간장, 굴 소스, 녹말가루를 푼 물을 부은 뒤 끓인다.

6 소스가 끓기 시작하면 튀긴 완자, 완두콩, 참기름을 넣어 섞은 뒤 불을 끈다.

완두콩은 5~6월경에 시장에서 살 수 있어요. 쌀하고도 궁합이 잘 맞아 밥에 완두콩을 넣으면 부족한 비타민과 미네랄도 보충할 수 있답니다. 완두콩이 많이 나는 제철에 구입하여 소금물에 1~2분간 삶은 뒤 지퍼백에 담아 냉동 보관하면 오래 사용할 수 있어요.

참깨 소스 관자구이

쫄깃하면서 고소한 맛의 키조개는 팬에 잘 굽기만 해도 훌륭한 요리가 된답니다.
고소한 참깨 소스를 곁들이면 고급 레스토랑 부럽지 않은 요리를 만들 수 있어요.

얌선생 Tip
- 그릴팬을 이용하여 관자를 구우면 그릴자국이 생겨서 더욱 먹음직스러운 관자요리가 되요.
- 완성된 관자구이는 타원형이나 직사각형의 어두운 단색의 그릇에 담아 주면 관자의 흰색과 줄무늬 그릴자국이 선명하게 보여 요리가 더욱 먹음직스러워요.

재료 준비하기

주재료
키조개 관자 3개, 새싹채소 1줌, 소금 약간,
후춧가루 약간, 식용유 약간

소스재료
참깨 2큰술, 참기름 1큰술, 올리브유 2큰술,
꿀 1큰술, 레몬즙 2큰술, 소금 1작은술

1 작은 볼에 소스재료를 분량대로 모두 섞어 준다.

2 소스재료를 믹서로 곱게 갈아서 준비한다.

3 키조개 관자를 0.5cm 두께로 자른 뒤 소금, 후추를 뿌려 준다.

관자는 팬을 뜨겁게 달궈 칙~ 소리가 날 때 재빠르게 앞뒤로 구워 주세요

4 그릴팬을 뜨겁게 달군 뒤 식용유를 둘러 관자를 굽는다.

5 새싹채소에 갈아 놓은 드레싱을 1/2 정도 넣어 버무려 준다.

6 구운 관자에 남은 드레싱 1/2을 뿌리고 새싹채소와 함께 담아 준다.

봄에는 담백하고 쫄깃한 맛이 일품인 **키조개**를 먹을 수 있어요. 키조개를 잘게 다져 미역국에 넣으면 아이는 물론 어르신께도 좋아요. 또 칼로리와 지방 함량이 낮아 다이어트에도 효과적인 음식이에요. 특별하게 요리하지 않고 굽기만 해도 맛있고, 영양도 풍부해 아이에게 좋은 식재료입니다.

메이플 우유 푸딩

달콤하고 부드러운 우유 푸딩을 만들어 냉장고에 차갑게 보관한 뒤
아이가 학교에서 돌아오기를 기다려 보세요.
새로운 학교 생활에 긴장했던 아이가 행복하게 웃으며
맛있게 푸딩을 먹는 모습을 상상하는 것만으로도 흐뭇하지요?

얌선생 Tip

● 메이플시럽 대신 설탕과 물을 끓여서 만든
  캐러멜시럽을 넣어도 좋아요.
● 작은 푸딩용 유리병이 없다면 작은 도자기컵
  이나 소스볼을 이용해도 좋아요.

042

재료 준비하기

주재료
우유 2컵, 생크림 1컵, 계란 2개, 바닐라빈 1개
(바닐라 에센스), 설탕 2큰술, 메이플시럽,
유리병 8개(디저트용 작은 컵)

바닐라빈이나 바닐라 에센스가
없으면 넣지 않아도 되요.

1 유리병이나 디저트용 컵에 메이플시럽을 1작
은술씩 담는다.

2 바닐라빈은 반으로 잘라 씨를 긁어서 준비한다.

3 냄비에 우유, 생크림, 바닐라빈을 넣고 약불에
서 따뜻하게 데운다.

4 계란에 설탕을 넣어 손거품기로 설탕이 녹을
때까지 저어 준다.

5 3과 4를 섞은 뒤 체에 두 번 정도 거른다.

6 메이플시럽을 담은 병에 붓고, 오븐팬에 1cm
정도 올라오게 물을 부은 뒤 150℃로 예열된
오븐에서 30분 정도 익힌다.

우유와 **계란**은 성장기 어린이에게 꼭 필요한 영양을 공급하는 중요한 식재료입니다.
사시사철 엄마의 장바구니 안에 꼭 챙겨서 담아야 하는 식재료이지요. 칼슘이 많은
우유는 뼈의 성장을 생각해서 그대로 마시기도 하지만 과일을 갈아 넣어서 먹거나 양
질의 단백질이 들어 있는 계란과 함께 섞어 푸딩 디저트를 만들면 색다르고 맛있게
먹을 수 있어요.

바나나 라떼 & 딸기 라떼

우유를 좋아하지 않는 아이에게
싱싱한 과일과 견과류를 넣어 만든 우유를 만들어 주세요.
맛도 있고, 영양도 듬뿍 담긴 이 우유를 아이도 좋아할 거예요.

얌선생 Tip

● 아가베시럽이 없다면 꿀이나 올리고당을 넣어 단맛
 을 조절해 주세요.

● 과일 주스나 시원한 음료를 담는 컵은 불투명한 도
 자기 컵보다는 투명한 컵에 담아서 먹어야 눈도 즐
 거워요. 아이에게 투명유리컵을 주기가 걱정된다면
 플라스틱으로 된 투명한 디저트 컵을 사용해 보세요.

주재료
[바나나 라떼] 바나나 1/2개, 호두 4~5알,
아가베시럽 1/2큰술, 우유 1컵, 얼음 약간
[딸기 라떼] 딸기 5알, 연유 1큰술,
아가베시럽 1/2큰술, 우유 1컵, 얼음 약간

바나나 라떼

호두는 구워서 사용해야
더 고소해요.

1 호두는 팬에 노릇하게 구워 준다.

2 믹서에 바나나, 구운 호두, 아가베시럽, 우유, 얼음을 넣고 곱게 간다.

3 곱게 간 **2**를 컵에 따르고, 바나나 조각으로 장식한다.

딸기 라떼

1 믹서에 우유 1컵과 얼음을 넣어 간 뒤 컵에 담아 놓는다.

2 다시 믹서에 딸기, 아가베시럽, 연유를 넣어 갈아 준다.

3 **1** 위에 **2**를 살살 따르고, 딸기로 장식한다.

영양
식재료

겨울부터 봄까지 제철인 딸기는 특히 아이들의 봄철 비타민 C를 보충하기 위해서는 가장 좋은 과일로 아이스크림, 케이크, 음료 등 디저트 요리에 빠지지 않는 재료입니다. 딸기는 꼭지가 마르지 않고 진한 초록색을 띠는 것, 과육의 붉은 빛깔이 꼭지까지 도는 것이 잘 익은 거예요. 딸기를 유제품과 함께 먹으면 칼슘이 보충되어 골다공증 예방에도 좋아요.

친구들을 위한 홈메이드 새우버거

햄버거는 아이들이 좋아하는 대표적인 간식이지만, 몸에 좋지 않아 그간 맘껏 먹일 수 없었지요.
하지만 몸에 좋은 재료가 듬뿍 담긴 엄마표 새우버거라면 안심하고 먹일 수 있답니다.
새학기 같은 반 친구들을 초대해서 함께 먹으면 아이 얼굴에도 웃음꽃이 피어날 거예요.

Si hyeon

엄선생 Tip

● 새우는 갈지 않고, 칼로 다져야 씹는 맛이 있어요.
● 새우 패티는 한 번에 많이 만들어 냉동 보관한 뒤 필요할 때 사용하세요.

재료 준비하기

주재료
모닝빵 5개, 대하 5마리, 게맛살 2개, 양파 1/4개, 브로콜리 1/4개, 토마토 1개, 새싹채소 1줌, 계란 2개, 빵가루 2컵, 녹말가루 2큰술, 소금 1작은술, 후춧가루 약간, 식용유 약간

소스재료
홀그레인 머스터드 1작은술, 마요네즈 2큰술, 케첩 2큰술

아이와 함께 요리한 메뉴의 이름을 적은 보드 판을 만들어 보세요. 아이는 자신이 만든 요리의 이름을 정확히 알 수 있고, 테이블을 세팅할 때도 재미있는 아이템이 될 거예요.

생물 대하가 없을 때는 냉동새우를 사용하세요.

새우에 들어 있는 칼슘과 타우린은 아이의 성장 발육에 도움을 주고, 고단백 저지방으로 다이어트에도 좋은 식재료입니다. 새우는 가을이 제철이지만, 다양한 비타민과 미네랄은 물론, 필수 아미노산도 풍부해서 요즘엔 제철에 상관없이 먹을 수 있는 해산물이에요. 국내산 제철 새우를 구입해 깨끗이 손질한 뒤 냉동 보관해서 필요할 때 사용하는 것도 좋은 방법이에요.

1 대하는 깨끗이 씻어 준비한다.

2 대하 껍질을 깐 뒤 칼로 다진다.

3 게맛살은 손으로 잘게 찢어 놓는다.

4 양파와 브로콜리는 잘게 다진다.

5 다진 새우, 게맛살, 잘게 다진 채소에 소금과 후추를 뿌린다.

6 5에 계란, 빵가루 1컵, 녹말가루를 넣어 반죽한다.

동그랗게 만드는 작업을 아이가 재미있어 해요.

7 반죽을 빵 크기 정도로 동그랗고 납작하게 빚는다.

홀그레인 머스터드 대신
일반 머스터드를
사용해도 좋아요

8 남은 빵가루를 앞뒤로 골고루 묻힌다.

9 프라이팬에 식용유를 1cm 정도 붓고 앞뒤로 노릇하게 튀겨 준다.

11 모닝빵은 2등분하고, 토마토는 얇게 5조각으로 썰며, 새싹채소는 씻어서 준비한다.

10 홀그레인 머스터드, 마요네즈, 케첩을 섞어서 소스를 만든다.

12 2등분한 모닝빵에 소스를 1작은술씩 떠서 바른다.

이름을 적은
깃발로 꾸미기

13 소스 바른 빵, 새우 패티, 소스 1작은술, 토마토, 새싹채소, 소스 바른 빵 순서로 올려 버거를 만들어 준다.

14 새우버거 완성!

새학기 친구들 초대 메뉴
홈메이드 새우버거(46쪽),
바나나 라떼(44쪽)를 참조하세요.

새학기 친구들 초대

3월은 새학기가 시작되는 달이지요. 아이에게도 새 친구와 새 선생님, 새로운 학기에 적응해야 하는 조금은 힘든 시간이에요. 이럴 때 엄마의 조그만 노력으로 새학기에 잘 적응할 수 있도록 도와줄 수 있어요. 아직은 서로 서먹서먹한 친구들을 초대하여 아이와 엄마가 함께 직접 만든 건강한 간식을 대접해 보세요. 엄마의 사랑도 느끼고, 아이의 어깨도 절로 으쓱해질 거예요.

친구들을 위한 미니부케 준비하기

아이들을 닮은 작고 예쁜 꽃으로 만든 미니부케를 아이 수만큼 준비해 주세요. 친구들이 돌아갈 때 쿠키나 사탕 대신 예쁜 꽃을 주면 색다른 선물이 될 수 있답니다. 연두색의 봉봉소국과 흰색의 소국은 귀여운 분위기를 낼 수 있어 아이들과 잘 어울리고, 꽃의 수명도 길어서 선물 받은 아이들도 좋아할 거예요. 봄철 많이 볼 수 있는 노란색의 프리지어로 미니부케를 만들어도 좋아요. 미니부케를 선물 받은 아이들은 봄의 향기를 가득 안고 집으로 돌아갈 거예요.

아이들을 위한
테이블 셋팅 Tip

아이용 상차림에는 화사하고 알록달록한 색상을 사용
하여, 아기자기한 느낌을 주면 좋아요. 초대한 친구들
의 이름을 적은 깃발이나 꽃을 이용해 보세요. 새학기
친구 초대 상차림에는 봄에 어울리는 연두색 꽃다발
과 테이블클로스를 준비하고, 빨간색 매트로 포인트
를 주었어요. 집에 테이블클로스나 매트가 없다면 화
사한 파스텔 색상의 플라스틱 그릇이나 컵을 이용하
면 좋아요.

달래 들깨전

봄 내음 물씬 나는 달래와 냉이, 고소한 들깨향이 솔솔 나는 달래 들깨전이
후각을 자극하여, 입맛을 살려줄 거예요.
어릴 때 입맛은 평생 간다는 말이 있듯이, 어른이 되어도 몸에 좋은 음식을 찾을 수 있게
들깨와 봄나물로 건강한 입맛을 만들어 주세요.
달래와 냉이는 맛이 씁쓸해서 아이가 좋아할 만한 봄나물은 아니지만,
들깨를 넣어 전으로 만들어 주면 고소해서 맛있게 잘 먹는답니다.

얌선생 Tip

- 달래와 냉이 대신 제철 봄나물인 쑥을 넣어도 좋아요.
- 꽃모양 접시에 요리를 담아 봄 분위기를 내보는 것도 좋아요(요리의 색깔이 많을수록 그릇은 단색이 좋아요).

재료 준비하기

주재료
달래 1줌, 냉이 1줌, 들깨가루 3큰술, 양파 1/4개,
밀가루 1컵, 녹말가루 1/3컵, 물 1컵, 소금 약간,
식용유 약간

아이가 먹기 좋게 최대한 잘게
다져서 넣어 주세요.

1 달래와 냉이는 여러 번 물에 흔들어 뿌리의 흙을 깨끗이 씻어 준다.

2 깨끗이 씻은 달래와 냉이, 양파를 잘게 다진다.

3 밀가루, 녹말가루, 들깨가루, 소금, 물을 넣어 반죽한다.

4 3의 반죽에 다진 달래와 냉이, 양파를 넣어 함께 반죽한다.

5 프라이팬에 식용유를 두르고 한 숟가락씩 떠서 얇게 편 뒤 노릇노릇하게 지진다.

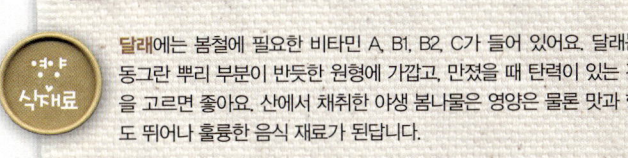

달래에는 봄철에 필요한 비타민 A, B1, B2, C가 들어 있어요. 달래는 동그란 뿌리 부분이 반듯한 원형에 가깝고, 만졌을 때 탄력이 있는 것을 고르면 좋아요. 산에서 채취한 야생 봄나물은 영양은 물론 맛과 향도 뛰어나 훌륭한 음식 재료가 된답니다.

꼬치 김밥

아이의 현장 학습이 있는 날 추천하는 음식이에요.
아이 입 속으로 쏘옥 들어갈 수 있는 작은 크기여서
먹는 재미가 있는 김밥이에요. 또, 평소에 먹는 자른 김밥이 아닌
꼬치에 꿴 김밥이라 친구들의 부러움도 한 몸에 받을 수 있답니다.

얌선생 Tip

● 신김치는 설탕과 참기름에 꼭 버무려 주세요. 그
래야 묵은내가 아닌 상큼한 향과 맛이 난답니다.

● 꼬치에 끼워져 있어서 아이들이 재미있어하고,
작아서 먹기에도 좋아요(꼬치는 아이들이 먹기
좋게 3~4개 정도 끼워 주는 것이 좋아요).

주재료
김 4장, 밥 2공기, 신김치 100g, 참치 1/2캔, 쇠고기
(불고기용) 100g, 햄(비엔나소시지) 3~4개, 깻잎 4장,
마요네즈 1큰술, 설탕 1작은술, 참기름 약간, 소금 약간,
통깨 약간

쇠고기양념재료
간장 1큰술, 꿀 1큰술, 참기름 1/2큰술, 마늘 1작은술,
후춧가루 약간

김밥 속에 넣는 햄(비엔나소시지), 소시지
등 가공식품은 끓는 물에 데쳐서 사용하면
나트륨과 지방을 제거할 수 있어요.

1 신김치는 다져서 참기름과 설탕에 무친다. 참
치는 마요네즈와 섞고, 쇠고기는 양념 후 볶아
서 준비한다.

2 김 1/2장에 밥을 얇게 깔고, 무친 신김치를 올
려 돌돌 말아 준다.

3 김 1/2장에 밥을 얇게 깔고, 끓는 물에 데친 비
엔나소시지를 올려 돌돌 말아 준다.

4 김 1/2장에 밥을 얇게 깔고 깻잎을 얹은 뒤 참
치와 쇠고기를 올려 돌돌 말아 준다.

5 말아 놓은 김밥에 참기름과 통깨를 뿌린다.

6 김밥을 1cm 두께로 썬 뒤 꼬치에 3개 정도씩
꽂아 준다.

아이의 꼬치 김밥 속에 봄철 싱싱하고 맛있는 채소인 **부추**와 **시금치**
를 넣어 보세요. 아이의 소화기관을 튼튼하게 해주는 부추와 아이의
키를 크게 해주는 시금치를 끓는 소금물에 살짝 데치고, 소금과 참기
름으로 양념하여 무쳐 김밥 속에 넣으면 비타민과 엽산이 풍부한 김
밥이 됩니다.

불고기 피자 떡볶이

아이가 좋아하는 대표적인 간식하면 제일 먼저 떠오르는 것이 바로 떡볶이와 피자예요.
아이가 너무나 좋아하는 떡볶이와 모차렐라치즈가 만나 환상궁합을 자랑하고,
거기다 불고기와 채소까지 듬뿍 들어간 영양 만점 간식이랍니다.
만드는 방법도 간단해서 엄마도 행복하게 만들 수 있는 요리예요.

얌선생 Tip
● 떡볶이를 조리할 때 사용하는 냄비는 뚜껑이 있고
  바닥이 두꺼운 냄비나 팬을 사용하세요.
● 불고기 떡볶이는 색상이 많아서 단색의 밝은 색
  그릇이 보기에도 좋아요. 그리고 그릇에 담아낼 때
  는 넓은 접시보다 오목한 볼에 담아내는 것이 좋
  아요.

재료 준비하기

주재료
떡국용 떡 200g, 쇠고기(불고기용) 100g, 노랑 파프리카 1/4개,
빨강 파프리카 1/4개, 양파 1개, 쪽파 2개, 모차렐라치즈 1컵

떡양념장재료
간장 1큰술, 꿀 1큰술, 참기름 1큰술, 후춧가루 약간

쇠고기양념장재료
간장 1큰술, 꿀 1큰술, 참기름 1/2큰술, 마늘 1작은술,
후춧가루 약간

1 양파 1개를 채썰어 냄비 바닥에 깐다.

2 떡국용 떡을 물에 씻은 뒤 떡 양념에 버무린다.

3 양파 위에 양념한 떡을 올린다.

4 노랑·빨강 파프리카도 채썰어 떡 위에 올린다.

쪽파가 없을 때는 다진 대파나
초록색 피망을 넣어 주세요.

5 4위에 쇠고기양념장재료로 양념한 쇠고기와
모차렐라치즈, 다진 쪽파를 올린다.

6 뚜껑을 덮은 뒤 약불에서 15분 정도 익힌다.

성장기 어린이에게는 양질의 단백질이 꼭 필요해요. **쇠고기**에는 필수
아미노산과 철분이 다량 함유되어 있어 어린이에게 먹여야 할 필수
식재료입니다. 평소 냉장고에 재워둔 불고기를 이용하여 떡볶이를 만
들거나 국수나 떡국, 비빔밥의 고명으로 다양하게 활용해 보세요.

파프리카 양념꼬막

간단한 요리임에도 맛내는 방법을 몰라 고민하는 분들은
파프리카를 이용해 새콤달콤한 파프리카 양념꼬막을 한 번 만들어 보세요.
파프리카 양념꼬막은 제철 꼬막을 제대로 맛있게 즐길 수 있는 요리입니다.

얌선생 Tip

● 꼬막은 한쪽 방향으로 저으면서 삶아야 꼬막살이
한쪽으로 붙어 살을 발라낼 때 편해요.

● 요리를 담아낼 때는 아이들이 먹기 좋게 작은 접
시에 적은 양을 덜어 주세요. 노란색과 빨간색의
파프리카가 잘 어울리는 연두 계열의 접시에 담
아주면 색상이 다양해서 아이들이 좋아해요.

재료 준비하기

주재료
꼬막 2컵, 노랑 파프리카 1/4개, 빨강 파프리카 1/4개,
쪽파 3개, 소금 1작은술, 물 2컵

양념장재료
식초 1큰술, 간장 1큰술, 매실액 1큰술, 통깨 1작은술,
후춧가루 약간

1 파프리카와 쪽파는 잘게 다진다.

2 1에 식초, 간장, 매실액, 통깨, 후춧가루를 넣어
양념장을 만든다.

3 해감을 뺀 꼬막에 물 2컵과 소금 1작은술을 넣
어 데치듯이 삶는다.

꼬막이 2/3 정도 입을 벌리면 건져서 찬물에 헹구
세요. 꼬막을 오래 삶으면 질겨지니 짧은 시간에
삶아 주세요.

4 꼬막의 한쪽 껍질만 떼어서 준비한다.

5 파프리카 양념장을 꼬막 위에 1작은술씩 올린다.

**영양
식재료**

꼬막은 칼슘 함량이 높아 어린이 성장 발육에 좋고, 저혈압 개선에도
도움이 되는 고단백 식품입니다. 찬바람이 불기 시작하면 먹기 시작하
는 꼬막은 산란한 뒤 알을 품는 2~4월까지 살이 올라 맛있게 먹을 수
있어요. 살이 꽉 찬 제철 꼬막은 쫄깃하고 촉촉한 즙이 나와 바다의 맛
을 제대로 느낄 수 있답니다.

일본식 계란말이

돌돌 만 노란색 계란말이가 예쁘기도 하지만 달콤한 맛이 감돌아 아이가 좋아해요.
일본영화에도 종종 나오는 설탕과 간장을 넣어 만든 계란말이는 도시락 반찬으로도 좋아요.
갑자기 집에 아이 친구가 놀러왔을 때 냉장고 속 재료로
아이들이 좋아하는 정성스러운 반찬을 만들어 줄 수 있답니다.

얌선생 Tip

● 긴 물고기 형태의 흰색 그릇에 계란말이를
가지런히 담으면 음식이 그릇과 조화를 이
뤄 테이블을 멋지게 장식할 수 있어요(물고
기 형태의 접시가 아니어도 긴 접시를 활용
하면 좋아요).

재료 준비하기

주재료
계란 4개, 게맛살 2개, 설탕 1큰술, 간장 1큰술,
청주 1작은술, 식용유 약간

게맛살 대신 시금치나 부추를
데쳐서 넣어도 좋아요.

프라이팬에 식용유를 두른 후 키친타올로 닦아,
식용유가 약간 남은 상태에 계란물을 부어 주세요.

1 계란은 가볍게 푼 뒤 설탕, 간장, 청주를 넣고
잘 섞는다.

2 게맛살은 잘게 잘라 준비한다.

3 달군 프라이팬에 식용유를 얇게 두른 뒤 계란
물을 1/2 정도만 부어 익힌다.

4 게맛살을 끝에 놓고, 끝에서부터 돌돌 만다. 빈
곳이 생기면 계란물을 부어서 말아 준다.

5 계란말이를 뜨거울 때 김발에 돌돌 말아 형태
를 잡아 준다.

6 형태를 잡은 계란말이를 식힌 뒤 1cm 두께로
썬다.

**영양
식재료**

아이들에게 좋은 양질의 단백질 식품하면 대표적으로 떠오르는 **계란**
은 단백질과 함께 비타민, 철분의 함량도 높다고 합니다. 하지만 계란
은 산성 식품이기 때문에 채소와 함께 먹는 것이 좋아요. 봄철에 나는
시금치와 부추를 넣은 계란말이로 부족한 영양을 보충해 주세요.

햄버그 스테이크

햄버그 스테이크는 시간 날 때 미리 만들어 두면 다양하게 활용하기 좋은 메뉴예요.
스테이크 소스를 만들고 치즈를 올려 구우면 한 끼 식사로도 든든한 스테이크를 만들 수 있어요.
미니버거나 미트볼 스파게티를 만들 때도 활용해 보세요.

맘선생 Tip

● 냉동실에 보관한 패티를 구울 때는 요리 전날
미리 냉장실로 옮겨 자연스럽게 해동한 뒤 프라
이팬에 구워 주세요.

● 하얀 긴 접시에 소스를 미리 뿌리고 그 위에 스
테이크를 올려 주세요. 스테이크 위에 노란색
치즈가 음식의 맛과 멋을 더 살려준 답니다.

재료 준비하기

주재료
다진 돼지고기 200g, 다진 쇠고기 100g, 양파 1/2개,
계란 1개, 치즈 1장, 버터 1조각, 빵가루 3큰술, 우유
2큰술, 소금 1작은술, 후춧가루 약간, 식용유 약간

소스재료
양파 1/2개, 버터 1조각, 스테이크 소스 3큰술,
케첩 2큰술, 물 2큰술

양파가 옅은 갈색을 띨 때까지
볶아 주세요.

1 양파 1/2개를 다진 뒤 프라이팬에 버터와 양파
를 넣고 볶는다.

2 빵가루 3큰술에 우유 2큰술 넣어 잘 섞는다.

햄버그 스테이크 반죽은 탄력이
생길 때까지 한참을 치대 주세요.

3 돼지고기, 쇠고기에 **1**과 **2**를 넣은 뒤 소금, 후
춧가루, 계란을 넣어 반죽한다.

4 패티는 손에 식용유를 조금 묻혀 동그란 모양
으로 납작하게 빚는다.

봉긋하게 올라온 패티를 젓가락으로 꾹 눌렀
을 때 맑은 물이 묻어나면 다 익은 거예요.

5 중불에서 한쪽을 노릇하게 구운 뒤 뒤집어 약
불에서 뚜껑을 덮고 익힌다. 거의 익었을 때 치
즈를 한 조각 올린다.

6 버터에 다진 양파를 볶다가 나머지 소스재료
를 넣고 잠시 끓여 소스를 만든다.

돼지고기에는 쇠고기보다 비타민 B1이 더 풍부하고, 맛과 영양이 뛰어
나 어린이 성장 발육에도 매우 좋아요. 돼지고기가 아이의 살을 찌울까
걱정된다면 지방이 없는 살코기를 이용하세요. 지방이 많은 부분을 적
당히 제거한 뒤 조리하면 다이어트에도 도움이 되는 식품이에요.

콘샐러드 나초

고소한 나초 위에 올린 콘샐러드는 자꾸만 손이 가는 별미 간식이에요.
옥수수통조림으로 간단하고 맛있는 간식을 만들어 주세요.

얌선생 Tip

- 나초를 구입할 때는 최대한 짜지 않은 것으로 구입하세요. 나초가 아닌 얇게 자른 바게트나 식빵에 콘샐러드를 올려도 아이의 든든한 간식이 된답니다.

- 나초는 넓은 접시를 활용하면 좋아요. 좀 더 멋을 내고 싶으면 짙은 색 나무접시를 활용해 보는 것도 좋아요.

재료 준비하기

주재료
옥수수통조림 1캔, 게맛살 2개, 청파프리카 1/4개,
빨강 파프리카 1/4개, 나초 15개

소스재료
마요네즈 2큰술, 식초 1큰술, 설탕 1/2큰술

게맛살은 끓는 물에 살짝 데쳐 사용하면
나트륨과 색소를 제거할 수 있어 좋아요.

1 파프리카와 게맛살은 잘게 다진다.

2 옥수수통조림은 흐르는 물에 씻어 체에 밭인다.

3 마요네즈, 식초, 설탕을 섞어 소스를 만든다.

4 3에 다진 파프리카와 게맛살, 옥수수를 넣고
섞는다.

5 나초 위에 콘샐러드를 1큰술씩 올린다.

아이가 좋아하는 달콤하고 톡톡 터지는 **옥수수통조림**을 사용할 때는
'NON-GMO 옥수수'라고 적힌 유기농 제품을 사용하고, 통조림보다는
유리병에 들어 있는 제품을 사용하면 좋아요. 가공식품이기 때문에 옥
수수를 물에 씻어내거나 끓는 물에 데친 뒤 사용하면 소금과 설탕의
섭취를 줄일 수 있어요.

생크림 과일 샌드위치

여러 가지 새콤달콤한 과일과 생크림이 만나서 맛있는 샌드위치가 되었어요.
새학기 아이 친구들이 놀러와도 당황하지 마세요.
집에 있는 과일을 이용하여 달콤한 영양 간식을 만들어 주세요.

양선생 Tip

● 과일 샌드위치에 넣을 크림은 휘핑크림보
  다는 우유 100% 생크림을 구입하여 사용하
  는 것이 건강에 더 좋아요.
● 원색의 작은 접시에 작고 긴 모양으로 샌드
  위치를 담으면 아이들이 재미있어 해요.

재료 준비하기

주재료
딸기 3~4알, 바나나 1개, 키위 1개, 식빵 4장,
생크림 1컵, 설탕 1큰술

1 제철 과일은 0.5cm 두께로 작게 자른다.

2 생크림에 설탕을 넣어 거품기로 단단하게 휘핑한다.

3 식빵 한 면에 생크림을 발라서 준비한다.

생크림을 굳히지 않은 채 샌드위치를
썰면 모양이 예쁘지 않아요.

4 작게 자른 과일을 올린 뒤 생크림 바른 빵으로 덮어 준다.

5 샌드위치를 랩으로 싼 뒤 냉장고에서 5분 정도 굳힌다.

6 랩을 벗긴 뒤 샌드위치를 4등분하여 썬다.

바나나는 칼륨과 식이섬유가 풍부한 1년 내내 먹을 수 있는 과일이에요. 열이 심해 아이가 음식을 잘 먹지 못할 때 바나나를 먹이면 칼로리가 높아 포만감도 주고, 찬 성질 때문에 해열 작용도 한답니다. 바나나는 열대지방에서 자라는 과일이라 차가운 냉장고 속에 넣으면 바나나 세포가 제대로 활동하지 못해 까만 반점이 생기니 꼭 실온에서 보관하세요.

오렌지 모히토

봄은 허브를 구하기 쉬운 계절이에요.
향긋한 오렌지와 허브로 만든 모히토는 천연과즙과 천연탄산수로
청량감은 높이고 단맛은 줄인 홈메이드 건강 음료랍니다.

맘선생 Tip

● 좀 더 달콤한 모히토를 원하면 올리고당이
  나 아가베시럽으로 단맛을 조절하세요.
● 오렌지색의 모히토는 투명한 컵에 담아내
  면 싱그러운 느낌을 더 느낄 수 있어요.

재료 준비하기

주재료
오렌지 1개, 바질 약간, 아가베시럽 2큰술,
탄산수 2컵, 얼음 1컵

1 오렌지 2/3는 즙을 내고, 나머지는 얇게 슬라
이스한다.

2 오렌지즙에 아가베시럽을 2큰술 넣어 섞는다.

바질 대신 애플민트 잎을
사용해도 좋아요

3 컵이나 유리저그에 얼음을 채운 뒤 **2**의 오렌
지즙을 붓는다.

4 **3**에 슬라이스한 오렌지와 바질 잎을 넣어 준
다.

5 마지막으로 탄산수를 붓고 잘 섞는다.

봄에는 향긋하고 상큼한 **오렌지**가 제철 과일입니다. 오렌지에는 비타
민과 식이섬유, 엽산이 풍부하여 아이의 빈혈을 예방하고 면역력을 강
화시켜 준답니다. 크기에 비해 무게가 나가고, 껍질이 견고하면서 부
드러운 것이 좋은 오렌지예요.

아이에게 사랑받는 당근 컵케이크

아이가 당근을 싫어한다고요? 당근을 무척 싫어하는 아이도 좋아할 수밖에 없는 당근 컵케이크!
몸에 좋은 당근을 듬뿍 넣어 만든 건강 케이크랍니다.
아이와 함께 컵케이크를 만들고 직접 만든 당근깃발로 장식해 보세요.

얌선생 Tip

● 오븐에 따라 익는 시간이 다르니 이쑤시개
로 찔렀을 때 반죽이 묻지 않으면 다 익은
거예요.

● 케이크에 사용한 황설탕은 정제되지 않은
미네랄이 풍부한 마스코바도를 사용하면
더 좋아요

당근 베이킹도구모음

베이킹을 처음 시작할 때 가장 유용하고 필요한 홈베이킹 도구는 바로 저울과 컵케이크틀, 손거품기예요. 베이킹할 때는 재료의 양을 정확히 계량하는 것이 가장 중요합니다. 간단한 베이킹 도구들로 아이와 함께 맛있는 컵케이크를 만들어 보세요.

재료 준비하기

주재료
당근 2개, 계란 4개, 박력분 300g, 황설탕 200g, 포도씨유 1컵, 소금 1/2작은술, 베이킹파우더 1작은술, 베이킹소다 1작은술, 시나몬파우더 1큰술

아이싱재료
크림치즈 200g, 생크림 1컵, 설탕 1큰술, 슈가파우더 3큰술

아이와 함께 요리하는 메뉴의 이름표를 만들어 보세요. 아이가 직접 글씨를 쓰고 그림을 그려도 좋고, 예쁜 그림으로 프린트해서 만들어도 좋아요. 테이블을 세팅할 때도 재미있게 장식해 보세요.

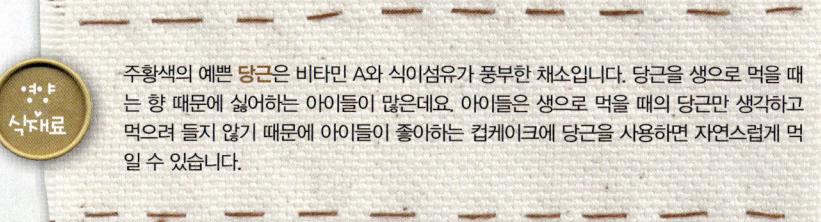

영양 식재료

주황색의 예쁜 **당근**은 비타민 A와 식이섬유가 풍부한 채소입니다. 당근을 생으로 먹을 때는 향 때문에 싫어하는 아이들이 많은데요. 아이들은 생으로 먹을 때의 당근만 생각하고 먹으려 들지 않기 때문에 아이들이 좋아하는 컵케이크에 당근을 사용하면 자연스럽게 먹일 수 있습니다.

1 당근 2개는 잘게 다져서 준비한다.

2 볼에 계란을 넣고 손거품기로 섞어 준다.

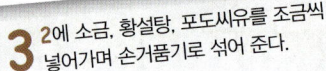

4 박력분, 베이킹파우더, 베이킹소다.
시나몬파우더를 체에 넣고 친다.

3 2에 소금, 황설탕, 포도씨유를 조금씩
넣어가며 손거품기로 섞어 준다.

5 계란반죽에 4를 섞고, 다진 당근을 넣어 준다.

6 가루가 보이지
않게 반죽을
고루 섞어 준다.

컵케이크가 익으면 반죽이 올라오기 때문에 크림치즈 아이싱을 하기 위해서 70%만 반죽을 채워 주는 거랍니다.

7 컵케이크틀에 반죽을 70% 정도 채운다.

8 180℃로 예열된 오븐에 20분 정도 굽는다.

9 구워진 빵은 망에 올려서 식혀 준다.

11 스패튤러(주걱)를 이용하여 크림치즈를 컵케이크 위에 바른다.

12 당근 모양의 깃발을 꽂아 장식한다.

10 생크림에 설탕을 넣어 휘핑한 뒤 실온에 꺼내 놓은 크림치즈와 슈가파우더를 넣어 다시 휘핑한다.

크림치즈는 실온에 꺼내 말랑한 상태일 때 사용하세요.

13 당근 컵케이크 완성!

Carrot-Cupcakes

어린이날 홈메이드 파티 메뉴
당근 컵케이크(70쪽),
콘샐러드 나초(64쪽),
오렌지 모히토(68쪽)를 참조하세요.

어린이날 홈메이드 파티

아이가 가장 손꼽아 기다리는 날 중 하나가 바로 어린이날입니다. 어린이날 아이를 위해 놀이공원이나 맛있는 음식점을 찾는 것도 좋지만, 아이와 함께 음식을 만들어 홈메이드 파티를 준비해 보세요. 파티 메뉴는 맛과 모양이 예뻐 파티에서 절대 빠지지 않는 메뉴인 컵케이크로 준비하면 좋아요. 컵케이크와 함께 간단한 음료나 과일을 곁들이면 특별한 어린이날 추억을 아이에게 만들어 줄 수 있답니다.

당근 모양의 깃발 만들기

케이크를 장식하는 데 사용할 것이므로, 아이와 함께 만들어 보세요.

1. 주황색지 3cm, 초록색지 1.5cm 넓이로 길게 잘라 양면테이프를 붙인다. 2. 초록색지에 당근 잎을 그리고, 주황색지는 반으로 접는다. 3. 반으로 접은 주황색지를 당근 모양으로 오리고 초록색지에 그린 잎도 가위로 오린다. 4. 꼬치 끝부분에 당근 모양으로 만들어 붙여 깃발을 완성한다.

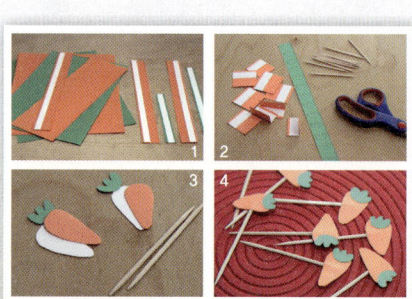

Carrot-Cupcakes

어린이날 홈메이드 파티의 주메뉴는 맛도 좋고 몸에도 좋은 **당근 컵케이크**입니다. 컵케이크 만들기는 어렵지 않아 아이와 함께 만들기 좋아요. 또한 파티 장식에도 최고인 훌륭한 메뉴지요. 컵케이크를 장식할 때는 **색도 화지를 이용**하여 당근 모양 깃발을 만들어 포인트를 주세요. 아이 눈높이에 맞춘 장식을 할 수 있답니다.

투명한 컵에 알록달록한 제철 과일을 한입 크기로 잘라서 담아 주는 **예쁜 컵과일 디저트**, 아이가 놀면서 먹기도 편하고, 투명한 컵이라 테이블 색상에 상관없이 잘 어울린답니다. 과일을 꽂은 포크에도 깃발을 만들거나 **예쁜 모양의 리본**을 달아주면 예쁜 파티 메뉴가 되요.

홈메이드 오렌지 모히토는 달지 않고 시원하게 준비해 주세요. 콘샐러드 나초는 간단하게 만들 수 있는 핑거푸드로 아이가 좋아하는 훌륭한 파티 메뉴랍니다.

아이들을 위한 테이블 셋팅 Tip

아이 파티에서는 음식도 신경써야 하지만, 음식을 놓는 테이블에 **아기자기한 포인트**를 주면 좋답니다. 테이블 세팅과 **함께 파티 공간**에도 조금만 신경 쓰면 분위기가 확 달라지는데요. 가장 간단하고 쉬운 장식이 바로 **풍선**입니다. 헬륨가스를 넣은 풍선을 구하기 어렵다면, 엄마가 직접 두세 가지 색상의 풍선을 불어한 줄로 달아 주세요. **풍선 하나로 흥겨운 파티**는 물론, 분위기까지 한층 높일 수 있어요.

Carrot-Cupcakes

PART 2. Summer
싱그러운 여름!

가족 나들이가 점점 많아지는 계절이에요.
즐거운 나들이를 위해 아이와 함께 샌드위치 도시락도 만들어 보고,
즐거운 여름방학에는 아이와 함께 캠핑도 떠나 보세요!
야외에서 아이와 함께 맛있는 음식을 만들면서 잊지 못할
감성 캠핑을 즐겨 보세요.

오븐에 구운 웨지 감자

여름은 감자가 가장 맛있는 계절이에요.
감자를 웨지 모양으로 썰어 올리브유와 파르메산 치즈가루를 뿌려
오븐에 구우면 고소하고 맛있는 별미 요리가 됩니다.

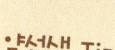 얌선생 Tip

● 구운 감자나 감자튀김 등을 그릇에 담을 때는
그릇 위에 종이호일이나 왁스페이퍼를 깔아
사용하면 보기에도 좋고, 기름이 그릇에 묻지
않아 세척도 간편하게 할 수 있어 좋아요.

● 작은 볼에 소스를 담아내면 세팅하기 좋아요.

재료 준비하기

주재료
감자 2개, 올리브유 2큰술, 파르메산 치즈가루
2큰술, 소금 약간, 후춧가루 약간, 파슬리 약간

소스재료
케첩 1큰술, 마요네즈 1큰술, 홀그레인 머스터드
1작은술

감자는 껍질을 벗겨
사용해도 되요.

감자를 조리할 때는 찬물에 씻어야 표면의
녹말이 제거되어 눌어붙거나 부서지지 않아요.

1 감자는 껍질째 깨끗이 씻어 세로로 8~10등분
한다.

2 등분한 감자를 찬물에 씻어 녹말을 제거한 뒤
물기를 뺀다.

3 감자에 소금, 후춧가루, 파슬리, 파르메산 치즈
가루, 올리브유를 넣어 섞어 준다.

4 오븐팬에 감자를 펼쳐 놓는다.

5 200℃로 예열된 오븐에서 30분 정도 굽는다.

6 소스의 재료를 분량대로 섞어 준다.

영양
식재료

감자는 비타민 C와 칼륨, 각종 미네랄이 풍부한 알칼리성 식품으로 아이 영양 간식으
로 최고의 식재료예요. '밭의 사과'라고 할 만큼 영양이 많은 감자는 소화도 잘되고 위
에 부담도 적어 아이 이유식으로도 사용할 수 있답니다. 1년에 두 번 수확하는 감자 중
7~8월 감자는 그냥 삶거나 구워 먹어도 맛있어요. 감자는 햇빛에 노출되면 싹이 나므
로 서늘한 그늘에서 보관하거나 신문지에 싸서 냉장고에 보관하면 좋아요.

냉소면 샐러드

더운 여름날 먹는 시원한 냉소면 샐러드는 색다르게 즐길 수 있는 국수 요리예요.
차갑게 식힌 냉소면에 채소를 듬뿍 곁들여 상큼하고 시원하게
여름철 별미 냉소면 샐러드를 만들어 보세요.

양선생 Tip

● 소면대신 우동면을 이용하여 쫄깃한 냉우동
샐러드를 만들어도 별미입니다.
● 흰색 그릇은 어느 요리에나 무난하게 사용할
수 있는데, 특히 다양한 색감이 들어간 요리
에는 심플한 흰색 그릇을 사용하면 음식이 깔
끔하게 보여요.

재료 준비하기

주재료
소면 1줌, 샐러드 채소 2줌, 새우 10개, 토마토 1/2개,
파프리카 1/4개, 얇은 햄 2장, 옥수수 3큰술

소스재료
간장 2큰술, 물 3큰술, 식초 1큰술, 레몬즙 1큰술,
매실액 1큰술, 참기름 1큰술, 설탕 1큰술

얼음을 넣은 물에 국수를 헹궈 주세요.

1 샐러드 채소는 한입 크기로 썰어 차갑게 준비
하고, 토마토, 파프리카, 햄은 채썬다.

2 새우는 끓는 물에 데치고, 옥수수는 찬물에 씻
어 물기를 뺀다.

3 소면은 삶아 찬물에 헹군 뒤 차갑게 준비한다.

4 소스의 재료를 분량대로 섞어 준다.

5 샐러드 채소를 맨 밑에 깔고, 그 위에 소면과
새우, 토마토, 파프리카, 옥수수를 올린다.

6 먹기 전에 소스를 뿌려 준다.

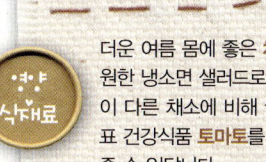

더운 여름 몸에 좋은 **채소**를 넣어 냉소면 샐러드를 만들어 보세요. 시
원한 냉소면 샐러드로 더위도 잊고 건강도 지켜 줄 수 있어요. 비타민
이 다른 채소에 비해 월등히 많이 들어 있는 **파프리카**와 여름철의 대
표 건강식품 **토마토**를 넣은 냉소면 샐러드로 여름철 아이 건강을 지켜
줄 수 있답니다.

ᅣ배추 군만두

겉은 바삭하면서 쫄깃하고, 맛이 풍부한 엄마표 군만두예요.
만두의 속 재료는 건강채소인 양배추와 부추를 듬뿍 넣어 담백하지요.
집 안에 만두 굽는 고소한 냄새를 솔솔 풍겨 보세요.

ᅣ선생 Tip

● 만두소를 만들 때 굴소스 대신 치킨스톡을 넣어도 좋아요.

● 완성된 노릇노릇한 군만두를 부드러운 베이지색의 접시에 담으면 편안하고 따뜻한 느낌이 나며 군만두와 조화를 이루어 잘 어울려요.

재료 준비하기

주재료

간 돼지고기 500g, 양배추 1/4통, 부추 1/2단, 양파 1개, 대파 1개, 시판용 만두피(50개들이), 다진 생강 1/2큰술, 간장 1큰술, 참기름 1큰술, 굴 소스 1큰술, 식용유 1큰술, 소금 2큰술, 후춧가루 약간, 물 1/3컵

1 양배추와 양파를 잘게 다지고 소금 2큰술을 넣어 30분 정도 절인 뒤 물기를 꼭 짜서 준비한다.

2 돼지고기에 생강 1/2큰술, 간장 1큰술, 후춧가루로 밑간을 한다.

3 부추와 대파는 잘게 다져 놓는다.

간이 부족하면 소금을 약간 넣어 주세요.

4 2에 양배추, 다진 부추와 대파, 참기름, 굴 소스를 넣어 반죽한다.

5 군만두 속 재료의 양은 일반 만두보다 적게 넣어 준다.

6 식용유를 1큰술 둘러 앞뒤로 노릇하게 굽다가 물 1/3컵을 넣고 뚜껑을 덮은 뒤 물기가 없어질 때까지 굽는다.

양배추는 위를 편안하게 하고, 비타민과 식이섬유가 풍부한 대표적인 건강채소예요. 양배추를 많이 먹으면 몸의 저항력이 높아지므로 아이에게 정말 좋은 채소입니다. 양배추의 향을 싫어하는 아이에게는 여러 가지 재료를 섞어서 만든 양배추 군만두를 추천합니다.

애호박 새우전

아이들은 고소하고 달콤한 애호박전을 좋아해요.
애호박을 얇게 채썰어 넣으면, 식감이 더 고소하고 부드럽답니다.

얌선생 Tip

- 부침가루의 양을 최대한 적게 넣어 애호박 고유의 맛을 느끼게 해주세요.
- 색감이 화려한 접시에 음식을 담아 보세요. 빨간색 접시는 아이 식욕을 돋구어 주며, 밋밋한 식탁에도 포인트를 줄 수 있을 거예요.

재료 준비하기

주재료
애호박 1/2개, 새우 1/2컵, 부침가루 1컵, 물 3/4컵,
소금 1작은술, 식용유 약간

애호박을 최대한 얇게
채썰어 주세요.

1 애호박은 얇게 채썬다.

2 애호박채에 소금 1작은술을 넣어 30분 정도 절
인 뒤 물기를 짠다.

3 새우를 끓는 물에 데친 뒤 1/2등분한다.

4 부침가루에 물을 넣어 반죽한다.

5 준비한 재료들을 섞어 반죽한다.

6 프라이팬에 식용유를 두른 뒤 얇고 노릇하게
지진다.

여름이 제철인 **애호박**에는 여름철에 필요한 비타민·미네랄 등의 영
양소가 풍부하여 아이가 더위를 이겨내는 데 도움이 된답니다. 애호
박은 위를 편안하게 하고, 장 기능을 강화하여 설사를 예방해주고, 멎
게도 해줘요. 여름철 채소인 애호박으로 무더운 날씨 때문에 체력이
약해진 아이에게 건강한 여름을 선물해 주세요.

레몬셔벗 치킨 샐러드

상큼한 홈메이드 셔벗 같은 시원한 샐러드드레싱을 올린 샐러드에요.
더운 여름 생레몬으로 만든 레몬드레싱이 청량감을 더하고,
셔벗이 입 안에서 사르르 녹으면서 무더위를 날려 준답니다.

얌선생 Tip

- 닭가슴살은 시중에서 파는 닭가슴살통조림을 이용해도 되요.
- 샐러드를 담는 그릇은 약간 큰 크기의 오목한 볼이 좋아요. 물고기 모양의 흰색 그릇은 디자인이 재미있어 아이에게 색다른 느낌을 줄 수 있어요.

재료 준비하기

주재료
닭가슴살통조림 1캔, 샐러드 채소 2줌, 파프리카
1/4개, 토마토 1/2개

드레싱재료
레몬 1/2개, 파인애플링 3개, 꿀 3큰술, 플레인
요구르트 1개, 식초 1큰술, 소금 1작은술

1 레몬 껍질을 벗기고 믹서에 드레싱재료와 함
께 넣어 간 뒤 냉동실에서 얼린다.

2 통조림에 든 닭가슴살은 끓는 물에 살짝 데쳐
헹군 뒤 준비한다.

3 샐러드 채소를 잘라 차갑게 준비하고, 토마토,
파프리카는 채썰어 준비한다.

4 접시에 샐러드 채소와 닭가슴살을 담는다.

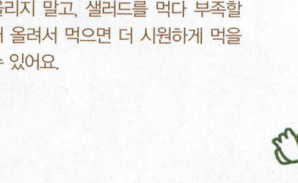

5 얼린 샐러드드레싱을 아이스크림 스쿱으로 긁
어서 2스푼 정도 **4**에 올린다.

얼린 샐러드드레싱은 한 번에 많이
올리지 말고, 샐러드를 먹다 부족할
때 올려서 먹으면 더 시원하게 먹을
수 있어요.

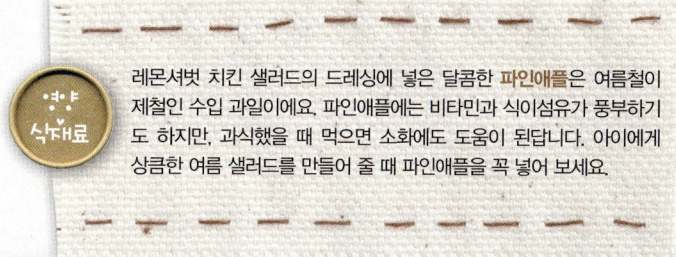

레몬셔벗 치킨 샐러드의 드레싱에 넣은 달콤한 **파인애플**은 여름철이
제철인 수입 과일이에요. 파인애플에는 비타민과 식이섬유가 풍부하기
도 하지만, 과식했을 때 먹으면 소화에도 도움이 된답니다. 아이에게
상큼한 여름 샐러드를 만들어 줄 때 파인애플을 꼭 넣어 보세요.

토마토 볶음밥

토마토에 올리브유를 넣어 익혀 먹으면 리코펜을 체내에 쉽게 흡수하여
항암 및 항노화 효과가 높아진다고 해요.
올리브유에 볶은 토마토 볶음밥을 예쁜 토마토에 담으면
보기에도 먹음직스러워 아이가 맛있게 잘 먹어요.

얌선생 Tip

● 토마토 소스는 시중에서 파는 토마토 스파게티
소스를 사용해도 되요. 볶음밥에 넣을 닭가슴살
도 닭가슴살통조림을 사용해도 됩니다.

● 그릇 대신 예쁜 토마토에 볶음밥을 담아내면 붉
은 색의 토마토 그릇이 먹음직스러워 보이고, 아
이가 토마토 볶음밥과 토마토를 함께 먹을 수 있
어 좋아요.

재료 준비하기

주재료
토마토 3~4개, 밥 1공기, 닭가슴살통조림 1캔,
파프리카 1/4개, 양파 1/4개, 올리브유 2큰술,
토마토 소스 2큰술, 소금 약간

파낸 토마토 속은 잘게 다져서
볶음밥에 꼭 넣어 주세요.

1 잘 익은 토마토의 윗부분을 자른 뒤 속을 파서
잘게 다져 놓는다.

2 닭가슴살, 파프리카, 양파도 잘게 다진다.

3 달군 프라이팬에 올리브유를 두른 뒤 닭가슴
살, 파프리카, 양파를 볶는다.

4 3에 다진 토마토와 토마토 소스를 넣어 섞은
뒤 밥을 넣어 골고루 볶고 소금으로 간을 한다.

5 속을 파낸 토마토 안에 볶음밥을 담는다.

계절
식재료

건강에 좋은 식품하면 첫 번째로 손꼽
히는 **토마토**는 영양과 효능이 뛰어난
채소입니다. 토마토에는 비타민, 미네
랄 등 영양소가 고루 들어 있지만, 그
중 최고의 영양소는 리코펜이에요. 노
화를 방지하고 항암 효과도 있는 리코
펜은 오일을 넣어 익혀 먹으면 체내에
더 빨리 흡수되어 좋아요. 그래서 아
이요리도 토마토를 많이 활용한 파스
타나 볶음밥, 샐러드를 해주면 좋답니
다. 토마토 주스나 홀토마토캔 등 가
공식품은 완숙토마토로 만든 것이라
리코펜을 더 많이 섭취할 수 있다고
해요.

계란 브로콜리 주먹밥

밥을 잘 먹지 않는 아이나 브로콜리를 싫어하는 아이에게
밥에 계란과 브로콜리를 섞어 주먹밥을 만들어 주면 신기하게도 잘 먹는답니다.

얌선생 Tip

● 시중에서 파는 삼각 주먹밥용 김으로 싸서
주먹밥을 포장하면 외출할 때 편리해요.

● 나무접시나 그릇에 초록빛의 허브잎이나
초록 나뭇잎과 같이 데코를 해주면 시원하
면서 내추럴한 느낌을 연출할 수 있어요.

재료 준비하기

주재료

브로콜리 1/4개, 당근 1/4개, 계란 2개, 밥 2공기, 참기름 1큰술, 통깨 1큰술, 소금 2작은술, 식용유 약간, 물 2컵

> 브로콜리의 두꺼운 줄기 부분도 잘게 다져서 넣으면 재료의 깊은 맛을 느낄 수 있어요.

1 브로콜리는 물 2컵, 소금 1작은술을 넣은 끓는 물에 데친 뒤 잘게 다진다.

2 당근도 잘게 다진 뒤 식용유를 약간 두른 프라이팬에 소금 1/2작은술을 넣고 볶는다.

3 계란은 풀어 체에 한 번 걸러 준다.

4 달군 프라이팬에 식용유를 두르고, 체에 거른 계란물을 부은 뒤 약~중불에서 젓가락으로 저어가며 스크램블에그를 만든다.

> 스크램블에그는 약~중불에서 만들어야 부드럽게 만들 수 있어요.

5 밥에 브로콜리, 당근, 스크램블에그, 통깨 1큰술, 참기름 1큰술, 소금 1/2작은술을 넣어 섞어 준다.

6 주먹밥 틀에 **5**를 넣어 주먹밥 모양을 만든다.

브로콜리는 아이 이유식 때부터 즐겨 사용하는 식재료로, 식이섬유가 풍부하여 변비를 예방하고, 함유된 베타카로틴 성분은 아이 면역력을 높여 줄 수 있어요. 그리고 단백질이 많은 채소라 익혀 먹으면 그 효능이 더 좋아진답니다.

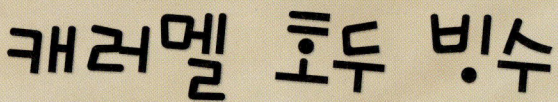
캐러멜 호두 빙수

아이의 시원한 여름방학을 책임질 홈메이드 빙수랍니다.
아이 두뇌 활동에 좋은 호두에 달콤한 캐러멜을 입혀 빙수 위에 듬뿍 올려 주세요.

얌선생 Tip

● 호두를 오븐이나 프라이팬에 구운 뒤 캐러멜
을 입히면 더 고소하고 바삭해요.

● 손잡이가 있는 스프볼은 아이에게 간식을 담
아 줄 때 사용하면 좋아요. 여름철 시원한 빙
수나 아이스크림을 담을 때도 스프볼을 이용
하여 담아 주세요.

092

재료 준비하기

주재료
우유 1컵, 호두 1컵, 황설탕 3큰술, 물 1/2큰술,
빙수용팥 3큰술, 빙수용떡 2큰술, 연유 1/2큰술

설탕이 캐러멜색을 띠면서
타기 전까지 볶아 주세요.

1 우유는 냉동실에 넣어 얼린다.

2 프라이팬에 황설탕 3큰술, 물 1/2큰술을 넣어 끓인다. 끓기 시작하면 구운 호두를 넣어 계속 저으면서 볶는다.

3 호두에 설탕 결정이 생겼다 다시 설탕 결정이 녹을 때까지 저어 준다.

4 접시에 뜨거운 캐러멜 호두를 펴서 식힌다.

5 냉동실에서 언 우유를 꺼내 갈은 뒤 팥, 떡, 캐러멜 호두를 올리고 연유를 뿌려 준다.

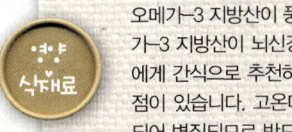

오메가-3 지방산이 풍부한 아이에게 너무나 좋은 **견과류 호두**! 호두에 들어 있는 오메가-3 지방산이 뇌신경세포에 좋은 영향을 미쳐 기억력과 집중력을 높여 주어 수험생에게 간식으로 추천하는 식재료입니다. 이렇게 몸에 좋은 호두를 보관할 때는 주의할 점이 있습니다. 고온다습한 여름철에는 견과류의 지방이 산소와 접촉하면 쉽게 산화되어 변질되므로 반드시 밀봉해서 냉장 보관하세요..

베리베리 채소 스무디

새콤달콤한 냉동베리 덕분에 맛있는 스무디가 되었어요.
아이는 어른보다 입맛이 예민하여 채소의 쓴맛을 더 잘 느끼기 때문에 채소를 싫어하는 아이가 많은 거랍니다.
하지만 새콤달콤한 냉동베리와 함께 갈면 채소 맛이 거의 느껴지지 않아 아이도 잘 먹을 수 있어요.

양선생 Tip

- 올리고당이나 아가베시럽으로 단맛을 조절해
  주세요.
- 시원한 여름철 음료에는 초록빛의 허브잎이나
  초록 나뭇잎으로 장식해 보세요. 허브를 따로
  준비하지 않아도 집에서 키우는 식물의 잎을
  따서 장식하면 아이가 너무 좋아합니다.

채료 준비하기

주재료
토마토 1개, 당근 1/4개, 양배추 100g, 브로콜리 1/4개,
바나나 1개, 냉동베리 1컵, 아가베시럽 1큰술, 물 2컵

1 당근, 양배추, 브로콜리, 토마토는 작게 썬다.

냉동베리가 없을 때는
제철 과일을 사용하세요.

2 냄비에 당근, 양배추, 브로콜리, 토마토 순으로
담은 뒤 물 2컵을 넣어 10분 정도 삶는다.

3 삶은 채소들은 식혀서 냉장고에 넣어 차게 보관
한다.

4 삶은 채소와 바나나, 냉동베리를 믹서에 넣고
간다.

5 단맛이 부족하면 아가베시럽을 넣어 조절한다.

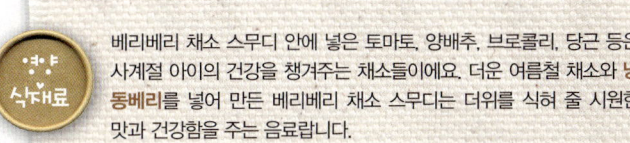

영양 식재료
베리베리 채소 스무디 안에 넣은 토마토, 양배추, 브로콜리, 당근 등은
사계절 아이의 건강을 챙겨주는 채소들이에요. 더운 여름철 채소와 **냉
동베리**를 넣어 만든 베리베리 채소 스무디는 더위를 식혀 줄 시원한
맛과 건강함을 주는 음료랍니다.

아이와 함께 만드는
크루아상 샌드위치 & 게살 샌드위치

아이와 함께 직접 샌드위치 도시락을 싸서
이번 주말 자연을 만끽하러 나들이를 가보아요.
샌드위치는 나들이용 도시락으로도 좋고,
평소에도 든든한 한 끼 식사로도
손색이 없는 영양 만점 간식이에요.

얌선생 Tip

● 주재료의 맛을 더욱 살려 주는 샌드위치 스프
레드로 버터, 마요네즈, 머스터드 등을 가장
많이 써요.

● 크루아상 샌드위치에는 홀그레인 머스터드와
마요네즈를 섞은 스프레드를 사용하면 풍미
가 더 좋아져요.

재료 준비하기

주재료

[크루아상 샌드위치] 크루아상 3개, 치즈 3장, 햄 3장, 토마토 1개, 새싹채소 1줌, 마요네즈 2큰술, 홀그레인 머스터드 1작은술

[게살 샌드위치] 모닝빵 6개, 게맛살 3개, 샐러드 채소 1줌, 마요네즈 3큰술, 레몬즙 1큰술, 다진 피클 1큰술, 홀그레인 머스터드 1작은술, 버터 1큰술

아이와 함께하는 요리시간!

아이와 함께 만드는 요리의 이름표를 만들어 보세요. 예쁜 그림과 글씨를 프린트하거나 아이가 직접 그림과 글씨를 써서 만들면 아이는 요리 시간을 더 즐거워한답니다.

샌드위치 안에 넣는 채소는 제철에 나는 싱싱한 채소를 이용하거나 **새싹채소**를 넣어서 만들어 보세요. 씨앗을 발아해서 나온 새싹채소는 농약을 전혀 뿌리지 않고 재배하는데, 새싹에는 다 자란 채소에 비해 영양소가 4배 이상 들어 있어 아이요리에 좋은 식재료입니다. 아이와 함께 집에서 새싹채소를 직접 키워보면 아이 학습에도 도움이 될 수 있어요.

아이들이 홀그레인 머스터드의 향을 좋아하면, 머스터드의 양을 늘려 주세요.

크루아상 샌드위치

1 마요네즈와 홀그레인 머스터드를 섞어 스프레드를 만든다.

2 크루아상을 2등분한다.

3 토마토를 0.5cm 두께로 자르고, 새싹채소, 햄, 치즈를 준비한다.

4 크루아상에 스프레드를 발라 준다.

5 빵 사이에 새싹채소, 햄, 치즈, 토마토를 올려 준다.

Sandwich

6 나무도마 위에 마무리한 크루아상 샌드위치를 올려 마무리한다.

7 크루아상 샌드위치 완성!

Sandwich

1 게맛살을 잘게 찢어 놓는다.

2 마요네즈, 레몬즙, 다진 피클, 홀그레인 머스터드를 섞어 게살 소스를 만든다.

3 준비한 게맛살과 소스를 함께 섞는다.

4 모닝빵을 반으로 자르고, 버터를 바른다.

5 빵 사이에 샐러드 채소와 소스에 섞은 게살을 올려 준다.

6 게살 샌드위치 완성!

Sandwich

가족 나들이용 샌드위치 도시락

본격적인 무더위가 아직 시작하지 않은 초록이 무성한
싱그러운 여름날! 온통 초록빛인 야외로 나가 아이와
함께 자연을 만끽해 보세요. 이때 꼭 빠져서는 안 될
아이템이 바로 도시락인데, 맛도 좋고 영양도 좋은 샌
드위치로 아주 특별한 날을 만들어 보세요. 신선한 토
마토와 채소를 듬뿍 넣은 샌드위치는 맛은 물론 영양
까지 생각한 만점 간식이에요. 아이와 샌드위치에 들
어갈 재료 이야기를 나누며 놀이를 하듯이 만들면, 직
접 만든 샌드위치에 흥미를 갖게 되어 아이가 더 맛있
게 먹는답니다.

피크닉을 위한 얌선생 Tip

초록색 잔디 위에 체크무늬 매트를
깔고, 피크닉 바구니에서 오늘의 주
인공인 샌드위치를 꺼내 펼쳐 보세
요. 메인 메뉴 샌드위치와 과일 디
저트를 담은 용기에도 조금만 신경
을 쓰면 나들이 분위기를 한층 고조
시킬 수 있어요.

가족 나들이용 샌드위치 도시락 메뉴
크루아상 샌드위치와
케샬 샌드위치(96쪽)를 참조하세요.

피크닉에서 마실 음료 준비하기

야외에서 오랫동안 놀다 보면 어른이나 아이나 수분이 부족하기 쉬워요. 탄산음료(Soft Drink)나 과일 주스 등도 샌드위치와 잘 어울리나 가장 기본이 되는 음료는 물이에요. 엄마가 직접 끓여 시원하게 준비한 보리차, 미네랄이 들어간 생수를 준비해 주세요. 톡쏘는 탄산의 맛을 느끼고 싶다면 탄산수(Sparkling Water)나 직접 레몬을 짜서 만든 레몬에이드를 준비하여 건강한 수분을 보충하세요.

피크닉 도시락 포장하기

샌드위치를 포장할 때는 보통 일회용 용기를 많이 사용하는데, 재활용이 가능한 에코 제품인 천연펄프 재질의 용기를 이용해서 포장하면 좋아요. 포장용기는 리본으로 묶거나 예쁜 보자기로 싸서 장식해 주세요. 참! 샌드위치를 담기 전에 용기에 유산지를 깔면 용기를 재활용할 수 있어요.

과일을 담을 때는 알록달록한 색상이 잘 보이도록 투명한 용기에 담아 주세요. 손잡이가 달린 투명한 용기는 쿠키 등 다른 간식을 담기에도 좋아 활용하기 편해요.

쇠고기 옥수수 볶음밥

쇠고기에는 아이의 성장 발육에 꼭 필요한
단백질과 영양이 풍부하게 들어 있어요.
쇠고기 옥수수 볶음밥은 성장기 어린이에게 꼭 필요한
쇠고기의 영양과 달콤하고 고소한 옥수수가 들어 있어
아이가 특히 좋아하는 볶음밥이에요.

얌선생 Tip

● 볶음밥을 만들 때는 센불에서 볶아야 밥알이
살아 있어요.

● 완성된 볶음밥을 손잡이가 있는 스프볼에 담
아 주면 아이가 손잡이를 잡고 편하게 먹을 수
있고 음식을 흘리는 것을 줄일 수도 있어요.

재료 준비하기

주재료
밥 1공기, 다진 쇠고기 80g, 옥수수통조림 3큰술,
청피망 1/4개, 양파 1/4개, 소금 약간, 간장 1/2큰술,
식용유 1큰술

쇠고기양념장재료
간장 1/2큰술, 설탕 1작은술, 참기름 1작은술,
후춧가루 약간

1 다진 쇠고기는 간장, 설탕, 참기름, 후춧가루로 양념하여 재운다.

2 피망, 양파는 잘게 다지고, 옥수수는 물로 헹군 뒤 물기를 뺀다.

3 뜨겁게 달군 프라이팬에 식용유 1큰술을 두른 뒤 쇠고기를 먼저 볶다가 다진 피망과 양파를 넣고 소금을 약간 넣어 볶는다.

4 3에 옥수수와 밥을 넣고 으깨지지 않도록 주걱으로 자르듯이 볶는다.

5 밥이 거의 볶아지면 간장 1/2큰술을 넣어 간을 맞춰 완성한다.

부족한 간은 소금을 약간 넣어 맞춰 주세요.

쇠고기 옥수수 볶음밥을 만들 때 여름 제철에 나는 **감자**를 넣어 만들어도 잘 어울려요. 여름철에 맛있는 감자는 비타민 C가 사과의 6배 정도 들어 있다고 해요. 특히, 붉은색과 보라색의 감자는 일반 감자보다 비타민이 2배 가량 더 많고, 안토시안 성분이 들어 있어 한마디로 영양 덩어리 식재료예요.

아삭 오이김치

한여름에 먹는 제철 요리에서 오이김치와
오이지를 빠뜨릴 수 없지요. 아이가 먹기 좋게 파프리카를
갈아 양념한 맵지 않은 오이김치예요.
아삭하고 시원한 오이김치는
익히지 않고 바로 먹어도 맛있답니다.

양선생 Tip

● 파프리카는 맛이 맵지 않고 달콤해서 아이
용 김치 양념재료로도 좋아요.

● 오이김치를 담을 때 투명한 그릇에 담아도
시원해 보이지만, 오히려 어두운 색상의 질
그릇에 담아 녹색을 더욱 돋보이게 만들 수
도 있어요.

재료 준비하기

주재료
백오이 2개, 양파 1/4개, 부추 1/4줌, 쪽파 3개, 굵은 소금
1큰술, 물 1컵

양념장재료
빨강 파프리카 1/4개, 새우젓 1큰술, 매실액 1큰술, 마늘
1작은술, 생강즙 1작은술, 설탕 1작은술, 물 2큰술

뜨거운 소금물에 절여야
아삭한 오이김치가 되요

1 오이는 깍둑썰기해서 준비한다.

2 물 1컵에 굵은 소금 1큰술을 넣어 끓인 물을 1에
붓고 30분 정도 절인다.

3 2의 오이를 체에 밭여 물기를 뺀다.

4 양파, 쪽파, 부추를 1cm 크기로 잘게 채썬다.

5 김치 양념장재료들을 섞어 믹서에 간다.

6 절인 오이와 채썬 채소, 김치 양념을 한데 버무
린다.

오이는 성질이 차갑고 수분이 많아 열을 내리고 갈증을 풀어 주는 효과가 있어요. 그러
니 아이가 속이 차가워 설사할 때는 오이는 피해 주세요. 그리고 오이와 당근, 무는 함
께 조리하지 마세요. 오이에 들어 있는 '아스코르비나제' 효소가 비타민 C를 파괴하기
때문에 함께 먹지 않는 것이 좋다고 해요. 대신 식초나 소금을 함께 사용하면 아스코르
비나제의 효소 활동을 억제하기에 비타민 C 파괴를 최소화한다고 해요.

가지덮밥

가지덮밥은 영양 균형도 좋고 식감도 부드러워 맛있는 여름철 건강 요리예요.
가지를 볶아서 조리하면 더욱 부드러운 식감을 느낄 수 있어요.
입맛이 없을 때는 담백하고 부드러운 가지덮밥으로 아이 입맛을 찾아 주세요.

맘선생 Tip

- 물녹말을 만들 때는 녹말가루와 물의 비율을 1:1로 맞춰 주세요.
- 색깔이 어두운 음식은 밝은 파스텔톤의 그릇에 담아 보세요. 그릇의 화사한 색상 덕분에 음식이 더 맛있어 보여요.

재료 준비하기

주재료
가지 1개, 갈은 쇠고기 100g, 양파 1/4개, 쪽파 2개,
참기름 1작은술, 식용유 1큰술

양념재료
물 2/3컵, 간장 1큰술, 굴 소스 1작은술, 설탕 1작은술,
후춧가루 약간, 물녹말(물 2큰술+녹말가루 2큰술)

쇠고기양념재료
마늘 1작은술, 생강 1작은술, 소금 약간, 후춧가루 약간

1 쇠고기에 마늘, 생강, 소금 약간, 후춧가루를 뿌려 밑간을 한다.

2 가지는 길게 1/2 크기로 자른 뒤 반달 모양으로 썰고, 양파와 쪽파는 다진다.

3 달군 프라이팬에 식용유 1큰술을 두르고 가지와 양파를 볶는다.

물녹말은 맨 마지막에 넣어 주세요

4 볶은 가지와 양파를 프라이팬 한쪽으로 밀고, 프라이팬 한쪽에서는 밑간한 쇠고기를 볶아 준다.

5 양념재료인 물, 간장, 굴 소스, 설탕, 후춧가루를 넣어 끓기 시작하면 물녹말을 넣어 섞어 준다.

6 불을 끄고 참기름과 다진 쪽파를 넣는다.

가지에는 수분이 94%나 들어 있어 성질이 차가운 여름철 으뜸 채소예요. 보라색 가지 껍질에는 안토시안 성분이 들어 있어 아이 면역력을 높여 주고, 식이섬유가 풍부해 장의 노폐물을 제거하여 변비를 예방해 주지요. 가지를 쇠고기와 함께 요리하면 맛이 더욱 좋아진다고 해요.

삼치 데리야키 구이

데리야키 소스를 발라 구운 윤기가 나는 삼치구이는 짭짤하면서도 달콤한 맛이 일품이에요.
특히, 입맛을 잃은 아이의 입맛을 돌아오게 하는 밥도둑이랍니다.

얌선생 Tip

● 삼치를 재울 때 생강은 즙으로 짜서 사용
하고, 생강즙 대신 생강가루를 사용해도
좋아요.

● 생선요리를 생선 모양의 접시에 담아내면
아이들이 좋아해요.

재료 준비하기

주재료
삼치중간크기 1마리(500g), 청주 2큰술, 밀가루
1큰술, 생강즙 1큰술, 식용유 2큰술

데리야키 소스재료
레몬 1/2개, 마늘 2~3쪽, 생강 1조각, 말린 홍고추
1개, 간장 1컵, 물 1/2컵, 맛술 1/2컵, 설탕 1/2컵

밀가루는 골고루 조금씩만 묻게 해주세요.

1 삼치는 포를 뜨듯이 3~4cm 길이로 살만 발라
놓는다.

2 삼치를 청주, 생강즙에 30분 정도 재운다.

3 삼치를 건진 뒤 밀가루를 체에 밭여 골고루 뿌
린다.

4 프라이팬에 식용유를 2큰술 두른 뒤 앞뒤로 노
릇하게 지진다.

데리야키 소스는 미리 만들어 두면
편한데, 만들어 둔 게 없다면 시판용
소스를 사용해도 되요.

5 데리야키 소스 3큰술을 넣어 약불에서 윤기 나
게 조린다.

데리야키 소스 만드는 법

데리야키 소스를 만들 재료를 분량
대로 모두 넣고, 약불에서 1/2이 될
때까지 조린다.

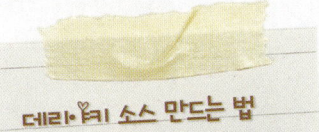

삼치는 등푸른 생선이지만, 살이 희고 부드러워 맛이 담백해요. 아이에게 좋은 단백질
과 불포화지방산이 많이 들어 있어 아이 두뇌 활동에도 좋은 생선이지요. 삼치를 고를
때 크기가 작은 것보다는 큰 것이 좋아요. 삼치는 몸통이 통통하고 눌렀을 때 단단할
수록 신선해요. 국산은 청회색으로 표면에 광택이 나고, 수입산은 길이가 길고, 표면에
상처가 있는 것이 많아요.

쇠고기 감자조림

하지감자가 토실토실한 제철에
달콤하면서도 짭조름한 맛의 쇠고기 감자조림을 만들어 보세요.
감자를 으깨서 국물과 비벼 먹으면 그 맛이 으뜸이에요.

양선생 Tip

● 감자와 쇠고기를 한 번에 볶아 양념장을 넣어
   조려도 되지만 각자 다른 냄비에서 조린 후에
   섞으면 깔끔하고 맛있게 만들어 집니다.

● 완성된 쇠고기 감자조림을 담을 때 작은 스프
   볼이나 소스를 담아내는 예쁜 볼을 이용하여
   1인분씩 담아 주면 아이가 먹기에 좋아요.

재료 준비하기

주재료
중간 크기의 감자 2~3개, 쇠고기(불고기용) 100g,
쪽파 2개, 참기름 1작은술, 통깨 약간, 식용유 약간

양념재료
다시마국물 1컵, 간장 3큰술, 설탕 1큰술, 청주 2큰술,
마늘 1/2큰술, 후춧가루 약간

> 다시마국물은 물과 다시마를 약불에서 10분 정도
> 끓인 뒤 다시마를 잠시 두었다 건진 물을 사용하세요.

1 감자는 껍질을 벗겨 깍둑썰기한 뒤 찬물에 담가
전분을 씻어 준다.

2 양념재료를 분량대로 섞어 조림양념을 만든다.

3 냄비에 감자를 넣고 조림양념을 2/3 정도 부은
뒤 약불에서 국물이 1큰술 정도 남을 때까지 조
린다.

> 쇠고기는 얇은 불고기용이나 차돌박이를 사용하세요.

4 쇠고기를 작게 잘라 프라이팬에 식용유를 약간
두르고 볶다 조림양념을 1/3 정도 붓고 조린다.

5 조린 감자와 쇠고기를 섞은 뒤 참기름과 통깨,
쪽파를 잘게 다져서 넣는다.

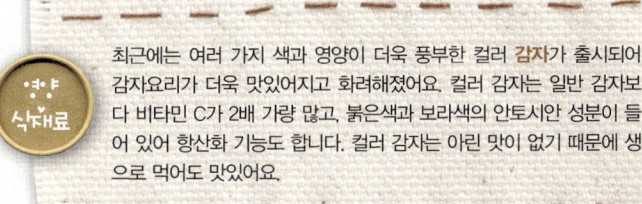

食재료
최근에는 여러 가지 색과 영양이 더욱 풍부한 컬러 **감자**가 출시되어
감자요리가 더욱 맛있어지고 화려해졌어요. 컬러 감자는 일반 감자보
다 비타민 C가 2배 가량 많고, 붉은색과 보라색의 안토시안 성분이 들
어 있어 항산화 기능도 합니다. 컬러 감자는 아린 맛이 없기 때문에 생
으로 먹어도 맛있어요.

해산물 카레 빠에야

빠에야는 스페인의 대표적인 요리예요.
스페인 음식은 한국인의 입맛에도 잘 맞는데,
그중 한국인에게도 잘 알려진 음식이 바로 쌀요리 빠에야예요.
독특한 맛과 향을 지닌 빠에야에 싱싱한 해산물을 넣어
무더운 여름철 아이에게 에너지 넘치는 맛을 선물하고,
아이와 함께 스페인 음식 문화를 이야기해 보세요.

얌선생 Tip

● 빠에야는 샤프란이라는 향신료로 색과 향을 내는데,
구하기도 어렵고 값도 비싸답니다. 마트에서 흔히 구
할 수 있는 카레가루를 이용하여 간단하고 맛있게 해
산물 카레 빠에야를 만들어 보세요.

● 빠에야는 팬을 놓고 먹는 것이 특징이지만, 아이들에
게 뜨거울 수 있어, 작은 볼에 1인분씩 담아내는 것이
좋아요.

재료 준비하기

주재료
불린 쌀 1공기, 오징어 1마리, 새우 8~10개, 조개 8~10개, 양파 1/4개, 마늘 3쪽, 물 4컵, 카레가루 1큰술, 화이트와인 2큰술, 파슬리가루 약간, 올리브유 2큰술, 후춧가루 약간, 소금 약간

1 뜨겁게 달군 프라이팬에 올리브유 1큰술을 두른 뒤 다진 양파와 다진 마늘을 넣어 볶는다.

2 손질해서 자른 오징어, 새우, 조개, 화이트와인, 후춧가루를 넣어 익힌 뒤 그릇에 따로 담아놓는다.

3 뜨겁게 달군 프라이팬에 올리브유 1큰술, 불린 쌀, 물 1컵, 카레가루, 소금을 약간 넣어 볶는다.

4 쌀이 끓기 시작하면 약불로 줄인 뒤 물 3컵을 조금씩 보충해 가며 저어 쌀을 익힌다.

치킨스톡을 약간 넣어 주면 진하고 감칠맛 나는 빠에야를 만들 수 있어요.

5 쌀이 거의 익으면, 볶은 해산물을 넣고 볶다 뚜껑을 덮고, 5분간 뜸을 들인다.

6 완성된 빠에야에 파슬리가루를 약간 뿌린 후 볼에 담아낸다.

오징어는 7~10월이 가장 맛있는 시기예요. 오징어에는 고기의 3배 이상 되는 우수한 단백질이 들어 있어요. 오징어의 타우린과 단백질은 뇌세포를 구성하는 성분으로, 두뇌 발달에 좋아 우리 아이에게 꼭 필요한 식재료예요. 오징어를 이용한 다양한 요리를 만들어 아이 두뇌 발달을 챙겨 주는 현명한 엄마가 되어 보세요.

과일 탕수육

여름철 더위에 지친 아이들에게 새콤달콤한 과일을 넣은 탕수육을 만들어 주세요.
파인애플과 키위로 비타민과 무기질 수분을 보충해 주면,
무더위를 이기는 데 도움이 될 거예요.

얌선생 Tip

● 탕수육 튀김반죽에 식용유를 넣어 반죽하면,
  튀겼을 때 반죽의 겉부분이 더 바삭해져요.

● 완성된 탕수육을 선명한 원색의 스톤웨어 볼에
  담아주세요. 음식을 담은 안쪽의 밝은 색과 바
  깥쪽의 원색이 색의 대비를 이뤄 깔끔하면서도
  포인트를 줄 수 있어 좋아요.

재료 준비하기

주재료
돼지안심 400g, 파인애플 1/3개, 키위 2개, 레몬 1/3개,
우유 1컵, 소금 약간, 후춧가루 약간, 튀김용 식용유

튀김반죽재료
튀김가루 1컵, 녹말가루 1컵, 물 1컵, 식용유 1/4컵

소스재료
물 1컵, 식초 2큰술, 간장 2큰술, 설탕 3큰술, 물녹말
(녹말가루 2큰술+물 2큰술)

1 탕수육용 돼지안심을 우유 1컵에 30분 정도 재
운다.

2 돼지안심을 물에 헹궈 물기를 뺀 뒤 소금과 후
춧가루를 약간 넣어 밑간을 한다.

3 튀김반죽재료를 분량대로 모두 섞는다.

파인애플은 캔에 든 제품을 사용해도 좋아요

4 프라이팬에 튀김용 식용유를 붓고, 돼지안심에
튀김반죽을 묻혀 노릇하게 튀긴다.

5 소스에 들어갈 파인애플과 키위는 모양 커터로,
레몬은 반달 모양으로 얇게 자른다.

6 프라이팬에 소스재료를 넣고 끓으면 물녹말을
넣어 걸쭉하게 만든 뒤 과일을 넣고 불을 끈다.

파인애플에는 수분이 85% 들어 있어 수분과 미네랄을 보충해 주고,
몸의 열을 낮추는 여름철의 대표 천연 피로 회복제예요. 망간이 풍부
하여 성장기 어린이의 뼈 형성에도 도움을 주는 과일이랍니다. 골드파
인애플은 일반 파인애플보다 단맛이 강하고 비타민 C가 무려 4배 더
풍부하므로 더위에 지친 여름철 건강을 골드파인애플로 챙겨 보세요.

간장 스파게티

아이가 아주 좋아하는 음식 중 하나가 바로 스파게티예요.
간단한 한 끼 식사로도 제격인 스파게티를 친숙한 간장 소스를 넣어 한 번 만들어 보세요.
토마토 소스나 생크림이 없어도 아주 맛깔난 스파게티를 만들 수 있어요.

맘선생 Tip

● 아이가 좋아할 만한 여러 가지 모양의 파스타재료를 함께 섞어 만들면 좋아요.

● 오목한 형태의 스파게티용 그릇은 활용도가 높아 국물이 있는 요리나 샐러드, 볶음밥, 카레라이스를 담아낼 때도 사용할 수 있어 좋아요.

주재료
면파스타 1줌, 모양 파스타 1컵, 파프리카 1/4개, 양파 1/4개, 비엔나소시지 5개, 스팸 1/4캔, 블랙올리브 6개, 올리브유 2큰술, 소금 1큰술

소스재료
다진 풋고추 1개, 다진 마늘 1큰술, 간장 2큰술, 참기름 1큰술, 설탕 1/2큰술, 후춧가루 약간

파스타 삶은 물은 버리지 말고 파스타 볶을 때 넣어 간을 맞춰 주세요.

1 올리브유 1큰술, 소금 1큰술을 넣은 끓는 물에 파스타를 넣고 7분 정도 삶아 체에 건진다.

2 소스재료의 분량대로 섞어 소스를 만든다.

3 파프리카, 양파, 스팸은 채썰고, 비엔나소시지와 올리브는 동그란 모양대로 썬다.

4 프라이팬에 올리브유 1큰술을 두르고, 채소와 비엔나소시지, 스팸을 넣어 볶는다.

5 삶아서 건져 놓은 면을 넣어 볶는다.

6 소스를 넣고, 파스타 삶은 물을 2~3큰술 정도 넣어 농도와 간을 조절해 가며 볶는다.

간장 스파게티에 넣으면 좋은 여름철 식재료로 **가지**와 **애호박**이 있어요. 가지와 애호박은 밥반찬으로만 즐겨 사용하는 여름 채소이지만 올리브유에 구운 가지와 애호박을 넣은 스파게티는 아이에게 여름철 입맛을 살려 주고 체력을 증진시켜 주는 색다른 요리가 될 거예요.

신호등 아이스바

홈메이드 아이스바를 만들 때 생과일을 갈아 넣으면
알록달록한 아이스바를 만들 수 있어요.
딸기, 키위, 파인애플을 갈아서 만든 아이스바를
우리집 아이들은 신호등 아이스바라고 불러요.

양선생 Tip

● 맛이 부드러운 아이스바를 만들려면 물 대
신 플레인 요구르트나 요구르트파우더를
넣어 주세요.

● 아이스바를 담을 때 세 가지 과일색이 선명
하고 예쁘게 보일 수 있도록 흰색의 볼이나
접시에 담아 주세요.

주재료

[딸기색 아이스바] 딸기 8개, 레몬즙 1큰술,
물 1/2컵, 아가베시럽 3큰술

[키위색 아이스바] 그린키위 3개, 레몬즙 1큰술,
물 1/2컵, 아가베시럽 3큰술

[파인애플색 아이스바] 파인애플링 3개, 레몬즙
1큰술, 물 1/2컵, 아가베시럽 3큰술

생과일이 없을 때는 냉동과일을
사용해도 되요.

1 깨끗이 씻은 딸기에 레몬즙, 물, 아가베시럽을
넣어 곱게 간다.

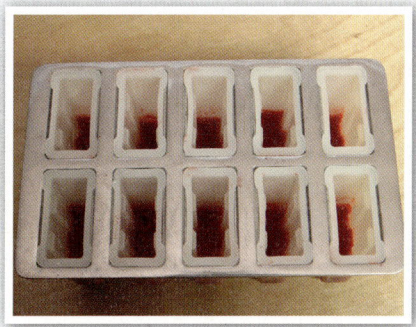

2 아이스바 몰드에 1/3씩 부은 뒤 냉동실에서 얼
린다.

3 파인애플에 레몬즙, 물, 아가베시럽을 넣어 곱
게 간다.

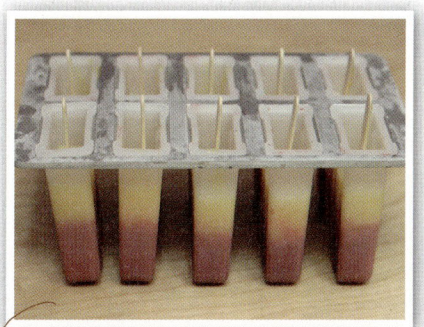

4 2에서 얼린 딸기 위에 3을 1/3씩 부은 뒤 냉동
실에서 얼린다.

한 가지 과일을 완전히 얼린 뒤 다른 색 과일
을 부어야 서로 섞이지 않아요.

5 그린키위에 레몬즙, 물, 아가베시럽을 넣어 곱
게 간다.

6 4에서 얼린 아이스바 몰드에 5를 1/3씩 부은 뒤
냉동실에서 얼린다.

영양
식재료

홈메이드 아이스바를 만들 때 제철에 나는 다양한 과일을 넣어서 만들
어 보세요. 여름철이라면 시원한 **수박**과 **복숭아**, **메론**, **블루베리**를 이
용한 시원하고 달콤한 아이스바를 만들 수 있어요. 과일에 시럽과 주스
를 넣어 갈아서 만들 수도 있지만 과일을 통째로 넣어 보기에도 좋은
통과일 홈메이드 아이스바를 만들어도 좋아요.

캠핑장에서 만드는
방울토마토 치즈 카나페

방울토마토와 치즈, 바질로 만든 치즈 카나페는
한 입에 쏙 먹기 좋은 크기라 아이가 먹기도 편하고, 만들기도 쉬운 에피타이저예요.
방울토마토 치즈 카나페는 미각과 시각을 동시에 만족시켜 주는 예쁘고 맛있는 요리랍니다.

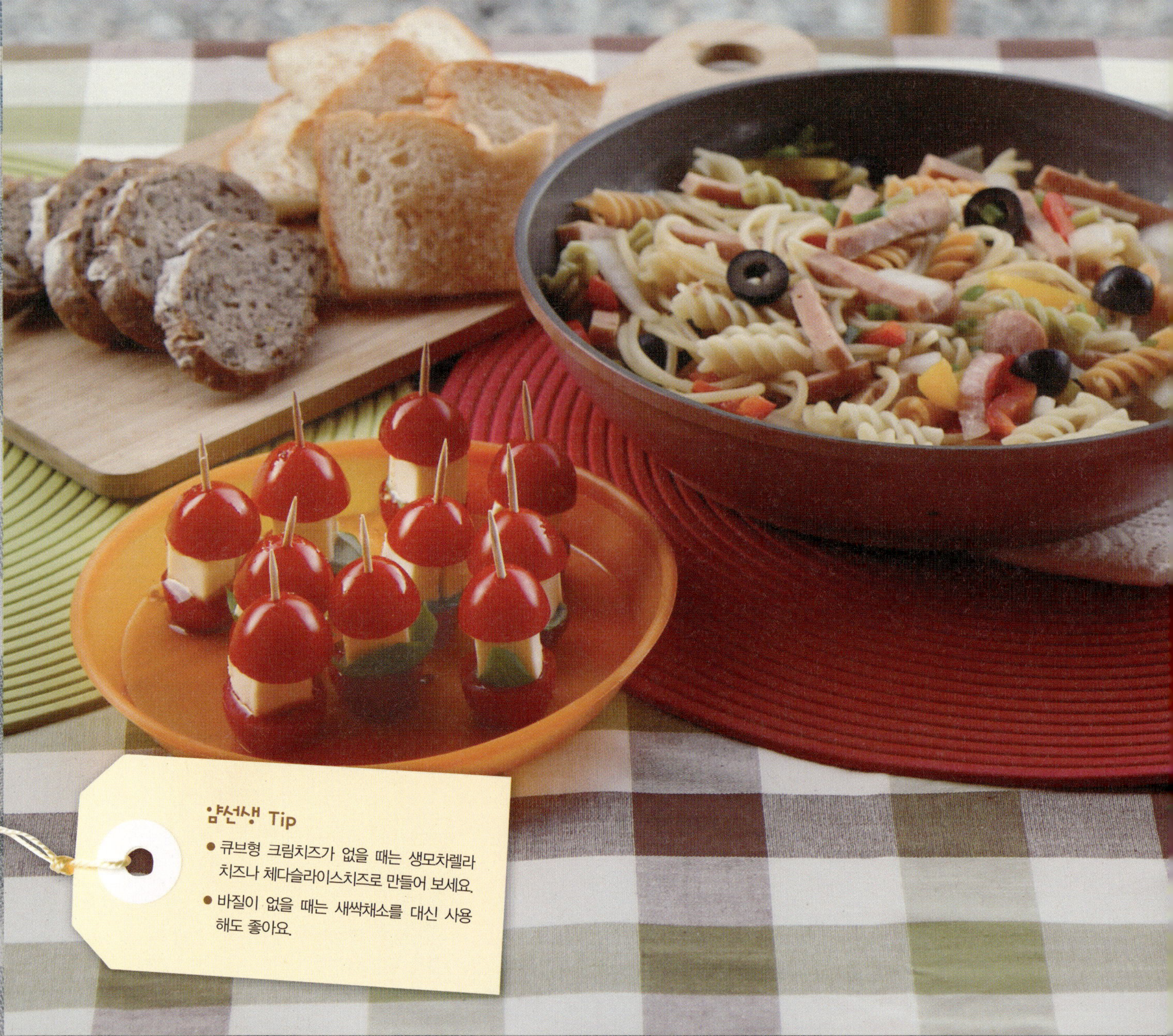

얌선생 Tip

● 큐브형 크림치즈가 없을 때는 생모차렐라
   치즈나 체다슬라이스치즈로 만들어 보세요.
● 바질이 없을 때는 새싹채소를 대신 사용
   해도 좋아요.

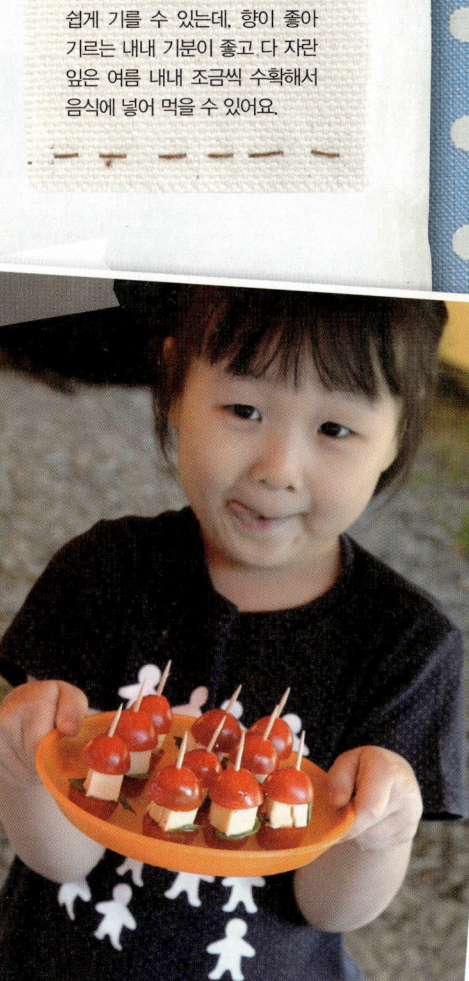

이탈리아 요리에 많이 들어가는 **바질**은 향이 좋아 토마토요리나 스파게티와 잘 어울리는 허브예요. 특히, **토마토**가 들어간 요리에는 바질을 넣으면 맛이 정말 최고랍니다. 생바질은 시중에서 구하기가 쉽지 않은데, 백화점 지하 식품매장에 가면 구할 수 있어요. 바질은 화분에 씨앗을 뿌려 집에서 쉽게 기를 수 있는데, 향이 좋아 기르는 내내 기분이 좋고 다 자란 잎은 여름 내내 조금씩 수확해서 음식에 넣어 먹을 수 있어요.

재료 준비하기

주재료
방울토마토 10개, 큐브형 크림치즈 10개, 바질 잎 10개

드레싱재료
간장 1/2큰술, 올리브유 1큰술, 후춧가루 약간

바질 잎이 너무 크면 2등분하여 올려 주세요.

1 방울토마토는 칼로 2등분한다.

2 자른 방울토마토 한쪽에 바질 잎을 1개씩 올린다.

큐브형 크림치즈 대신 다른 종류
의 치즈를 사용해도 되요.

3 큐브형 크림치즈는 껍질을 까서 준비한다.

4 바질 잎 위에 크림치즈를 1개씩 올린다.

5 4에 다시 방울토마토를 올리고 꼬치를 하나씩
끼운다.

통후추를 직접 갈아서 사용하면
후춧가루보다 맛과 향이 신선해
조금만 넣어도 후추의 풍미가
좋아져요.

6 간장, 올리브유, 후춧가루를 넣어 드레싱을 만
든다.

8 방울토마토 치즈
카나페 완성!

7 방울토마토 치즈 카나페 위에 드레싱을 약간씩
뿌려 준다.

주재료
부직포, 가위, 끈,
양면테이프

캠핑 가렌드 만들기

아이와 함께 하는 캠핑이라면 알록달록 예쁜 색의 가렌드를 텐트에 걸어 보세요. 캠핑 가렌드는 캠핑, 피크닉, 파티, 아이 방 꾸미기에 두루 사용할 수 있는 아이템입니다. 인터넷에서 구매할 수도 있지만, 문구점에서 부직포를 구입하여 직접 아이와 함께 만들어 보세요.

부직포
가렌드

1 부직포에 삼각형 모양으로 선을 그린다.

2 삼각형 모양의 부직포 양끝을 가위로 자르고, 끈을 이용하여 서로 연결한다.

3 부직포를 모양 내어 길게 자른 뒤 양면테이프를 붙여 삼각형을 연결한다.

4 두 가지 모양의 캠핑 가렌드 완성!
가렌드의 총 길이는 2~2.5m 정도, 끈의 양옆을 30cm 정도씩 남겨 만들어 주세요.

그림 가렌드 꾸미기

캠핑장에서 아이와 함께 할 수 있는 놀이는 다양합니다. 사진 찍기, 만들기, 그림 그리기 등 창의성을 살릴 수 있는 활동을 하면 좋아요. 아이가 자연 속에서 여유롭게 그린 그림을 텐트에 달아 주면 아이는 무척 기뻐한답니다. 또 아이가 그린 그림으로 텐트 안을 예쁘게 꾸밀 수 있어 좋아요.

아이와 함께 떠나는 감성 캠핑

아이와 함께 캠핑을 갈 때마다 매번 어디로 갈지, 무엇을 챙겨야 할지, 무슨 캠핑 요리를 할지 고민이 되지요. 아이와 가는 캠핑을 계획할 때는 처음부터 장비를 다 갖춘 채 캠핑하려고 하지 말고, 장비를 대여해 주는 글램핑장에서 시작해 보세요. 아이와 자연에서 휴식을 취하며 풍성한 감성 캠핑을 즐겨 보세요. 편안하게 아이와 자연에서 하룻밤을 보내며 함께 책도 읽고 그림을 그리는 등 놀이도 하고, 캠핑 요리도 직접 만들면서 아이의 풍부한 감성을 키울 수 있답니다. 아이와 떠나는 캠핑에서 소품 한두 가지만으로도 얼마든지 감성적인 분위기를 연출할 수 있어요. 드림캐처(그물, 깃털, 구슬로 장식한 에스닉한 분위기의 고리), 내추럴한 느낌의 나무식기, 캠핑용 체크무늬 식탁보, 해먹, 캠핑 바람개비, 캠핑 가렌드 중에서 한두 가지는 꼭 준비하세요.

아이 캠핑 간식 스모어

아이들이 캠핑에서 가장 기다리는 시간은 밤에 모닥불을 피워 놓고 스모어를 만들어 먹는 시간이에요. 스모어는 구운 마시멜로를 초콜릿과 함께 크래커 사이에 끼워 먹는 캠핑 간식으로, 마시멜로의 달콤하면서 살살 녹는 맛이 아이를 행복하게 합니다.

아이와 감성 캠핑 즐기기
간장 스파게티(116쪽),
방울토마토 치즈 카나페(120쪽),
스모어(124쪽),
캠핑 가렌드(123쪽)를
참조하세요.

캠핑장의 꽃

캠핑장 주변에 핀 들꽃을 음료수 병에 꽂거나 땅에 떨어진 열매나 나뭇가지를 이용하여 아이만의 꽃병을 만들어 보세요. 꽃이 놓인 테이블에서 하는 놀이와 요리는 즐거움도 두 배, 맛도 두 배가 될 거예요.

PART 3. Fall

오곡백과 풍성한 가을!

가을은 1년 중 식재료가 가장 풍성한 계절이에요.
맛도 좋고 영양도 많은 가을 제철 재료로
아이와 함께 풍성한 추석 음식을 만들어 보세요.
아이는 알록달록한 다섯 가지 색과 맛의 오색 송편을 빚어보면서
명절의 의미와 분위기를 알아 가고, 기발한 아이디어로
예쁜 모양의 송편을 만들면서 매우 즐거워한답니다.

표고버섯 동그랑땡

표고버섯은 아이 두뇌 발달과 면역력을 증가시켜 주는 식재료로,
성장기 어린이에게 꼭 필요한 가을철 최고의 식재료예요.
표고버섯은 향이 진해서 아이가 잘 먹지 않는데, 이런 아이에게는
표고버섯을 잘게 다져 전으로 만들어 주면 부담스러워 하지 않고 맛있게 먹는답니다.

엄선생 Tip

● 두부의 물기는 제거하고, 반죽을 오래 치대야
모양이 부스러지지 않고 예쁘게 나와요.

● 완성된 동그랑땡을 담을 때 흰색이나 어두운
색의 단색 접시에 담아내면 깔끔해 보여요. 게
다가 귀여운 모양의 깃발을 꽂아주면 아이가
더 좋아해요.

재료 준비하기

주재료

갈은 돼지고기 200g, 표고버섯 3개, 두부 1/4모,
양파 1/4개, 대파 1/4개, 계란 2개, 생강 1작은술,
참기름 1작은술, 간장 1큰술, 소금 1/2작은술,
후춧가루 약간, 밀가루 1/2컵, 식용유 약간

1 갈은 돼지고기에 간장, 후춧가루, 생강을 넣어
밑간을 한다.

2 표고버섯 3개, 양파, 대파는 잘게 다진다.

3 두부의 물기를 꽉 짠 뒤 칼로 으깬다.

완자는 아이가 먹기 좋은 크기로
동그랗고 납작하게 만들어 주세요.

4 1~3을 한데 섞고, 소금과 후춧가루, 참기름을
넣어 반죽한 뒤 완자를 만든다.

5 밀가루와 계란을 차례로 묻힌 뒤 기름을 두른
프라이팬에 앞뒤로 노릇하게 지진다.

쫄깃한 맛과 향이 깊은 **표고버섯**은 미
국심장학회와 미국식품의약국에서 모
두 10대 음식으로 선정할 만큼 소화순
환기, 심장, 항암 효과 등 면역력 증진
에 좋은 최고의 식재료입니다. 뼈에
칼슘을 공급하는 비타민 D가 풍부하
고 두뇌 발달을 도와 성장기 어린이는
물론 온 가족에게 좋은 식재료예요.
국물을 우리는 데 사용하는 말린 표고
버섯이 생표고버섯보다 영양이 더욱
풍부하므로 가을 제철 표고버섯을 구
입하여 햇볕에 말려 사용하면 좋아요.

촙스테·l크 샐러드

촙스테이크는 크기가 작아 칼로 자르지 않고도 간단히 먹을 수 있는 스테이크예요.
촙스테이크에 싱싱한 샐러드 채소를 곁들여 먹으면 영양 균형도 맞고
다른 반찬이 필요 없어 훌륭한 한 끼 식사가 된답니다.

얌선생 Tip

● 스테이크용 쇠고기는 안심, 등심, 채끝살
  부위를 사용하면 좋아요.
● 다양한 색이 많은 요리는 흰색 접시에 담아
  내면 음식이 깔끔해 보여요. 흰색의 접시에
  디자인이 들어간 접시를 사용해 보세요.

재료 준비하기

주재료
쇠고기 채끝살 200g, 양파 1/2개, 새송이버섯 1/2개,
파프리카 1/4개, 가지 1/4개, 애호박 1/4개, 새싹채소
2줌, 올리브유 2큰술, 소금 약간, 후춧가루 약간

소스재료
시판용 스테이크 소스 2큰술, 케첩 1큰술, 홀그레인
머스터드 1작은술

아이용 스테이크는 아이 입 크기에
맞게 작게 잘라 주세요.

1 쇠고기는 한입 크기로 자르고, 올리브유 1큰술,
소금과 후춧가루를 약간 넣어 재운다.

2 채소는 한입 크기로 자른다.

3 달군 프라이팬에 올리브유를 1큰술 두른 뒤 채
소를 넣고 센불에서 재빨리 볶다 소금과 후춧
가루를 약간 뿌린다.

4 3에 1을 넣고 센불에서 익힌다.

고기와 채소는 센불에서 재빨리 익혀야 고기는
부드럽고, 야채는 아삭하게 즐길 수 있어요.

5 약불로 줄이고, 소스를 넣어 골고루 섞은 뒤 불
을 끈다.

6 접시에 새싹채소를 먼저 담고, 위에 완성된 5
를 담아 준다.

영양
식재료

촙스테이크 샐러드를 요리할 때는 가을 제철 **버섯**을 넣어서 만들어 보세요. 가을 제
철 버섯은 면역력을 증진시켜 주므로 보약보다 좋은 영양 덩어리 식재료입니다. 맛과
향이 좋은 양송이버섯은 세로로 썰어 양송이 본래의 모양을 살려서 요리하세요. 양송
이를 고를 때는 갓 뒷면이 검게 변한 것은 싱싱하지 않으므로 흰색의 갓이 동그란 것
으로 고르세요.

팟타이

팟타이 볶음 쌀국수는 태국의 대표적인 요리 중 하나예요.
우리에게 친숙한 국물이 있는 면요리도 좋지만, 고소한 볶음 면요리도 색달라서 좋아요.
해물 대신 닭가슴살을 넣어도 잘 어울려요.

얌선생 Tip
- 피시 소스가 없으면 멸치액젓을 사용하세요.
- 테이블 매트는 색상과 무늬에 따라서 식탁을 다양하게 변화시켜 주는 아이템이에요. 가끔은 화려한 색상과 무늬의 식탁매트를 깔아 연출해 보세요.

재료 준비하기

주재료
쌀국수 1줌, 새우 10마리, 오징어 1/4마리, 양파 1/4개,
계란 2개, 쪽파 2개, 숙주나물 1줌, 다진 마늘 1큰술,
청주 1큰술, 다진 견과류 1큰술, 식용유 약간

소스재료
피시 소스 1/2큰술, 간장 1/2큰술, 굴 소스 1/2큰술,
올리고당 1큰술, 레몬즙 1큰술, 후춧가루 약간

1 쌀국수는 찬물에 30분 정도 불린다.

2 새우와 오징어는 손질해서 잘라 놓은 뒤 양파
는 채썰고, 쪽파는 다진다.

3 계란은 잘 풀어 약~중불에서 스크램블에그를
만든다.

> 숙주와 스크램블에그를 섞을 때는 재료가
> 몽개지지 않게 살살 섞은 뒤 불을 꺼주세요.

4 달군팬에 식용유를 두르고 센불에서 마늘, 양
파를 볶다 새우, 오징어를 넣고, 청주를 넣어
볶는다.

5 4에 국수와 소스재료를 넣고 비비듯이 볶는다.

6 숙주와 스크램블에그를 넣어 섞어 준 뒤 견과
류를 뿌려 완성한다.

영양
식재료

제철 상관없이 먹을 수 있는 **숙주**는 녹두의 어린 싹으로 녹두의 영양
과 채소의 비타민이 모두 들어 있는 건강채소예요. 열량이 낮고 섬유소
가 풍부해 다이어트에도 좋은 숙주는 나물로 먹어도 맛있지만, 다양한
면요리에 넣어서 살짝 익혀 먹으면 식감도 아삭하고 맛도 좋아서 아이
가 잘 먹어요.

새송이버섯 떡갈비

맛있는 떡갈비를 만들려면 질 좋은 쇠고기를 구입해서 칼로 직접 다져야 고기가 쫄깃쫄깃해져요.
떡갈비를 구울 때 마지막에 간장과 올리고당으로 살짝 조려야 반짝반짝 윤이 나는 떡갈비를 만들 수 있어요.

얌선생 Tip

● 버섯을 곱게 다져 떡갈비 안에 넣으면 버섯을
싫어하는 아이도 잘 먹어요.

● 무늬 없는 흰색 접시는 어느 집에나 있는 평범
한 접시인데, 그 위에 식물의 잎을 살짝 올리면
특별한 분위기를 연출할 수 있어요. 음식을 담
을 때도 조금만 더 신경 써 보세요.

재료 준비하기

주재료
쇠고기 갈빗살 300g, 새송이버섯 1개, 파 1/4개

고기양념재료
다진 마늘 1큰술, 생강 1작은술, 간장 1큰술, 매실액 1큰술, 참기름 1큰술, 설탕 1큰술, 전분 2큰술, 후춧가루 약간, 소금 약간, 식용유 약간

조림양념장재료
간장 1큰술, 올리브유 1큰술, 참기름 1큰술

쇠고기 다짐육을 구입해도 되나 직접 다지면 고기가 더 쫄깃쫄깃해요.

1 쇠고기는 다져 키친타올로 눌러 주며 핏물을 제거한다.

2 새송이버섯과 파를 잘게 다진다.

3 다진 쇠고기에 전분을 뺀 고기양념재료와 **2**를 섞어 준다.

4 전분을 넣고 한참 치대어 모양을 만든다.

5 프라이팬에 고기를 앞뒤로 노릇하게 굽다가 뚜껑을 덮고 속까지 익힌다.

6 잘 익은 떡갈비에 조림양념장재료를 넣고 약불에서 윤기 나게 구워 접시에 담는다.

새송이버섯은 비타민과 각종 무기질이 다량 함유되어 있어 면역력을 높여줘요. 새송이버섯은 마트에서 쉽게 구할 수 있는 사계절 건강 식재료예요. 가을철에 버섯의 맛과 향이 더욱 좋아지는데 버섯을 굴 소스를 넣어 볶거나 조림을 해서 먹으면 좋아요. 버섯을 고를 때는 상처가 없고 조직이 단단하며 갓이 부서지지 않는 것이 싱싱하고 좋아요.

연어 데리야키 덮밥

연어만 조리해서 먹는 것보다 연어와 브로콜리를
함께 볶아서 먹으면 맛도 풍부하고 영양도 더욱 좋아요.
연어와 브로콜리를 데리야키 소스에 볶아 밥 위에 올리면
달콤하고 짭조름한 깊은 맛이 나는 연어 덮밥이 되요.

얌선생 Tip

● 훈제 연어가 아닌 스테이크용 연어로 구
  입하세요.
● 다양한 색상이 들어간 음식은 밝은 색상
  의 단색 접시에 담고 도트 무늬의 매트로
  귀엽게 연출해 보세요.

재료 준비하기

주재료
연어 200g, 브로콜리 1/4개, 양파 1/4개, 청주 1큰술, 레몬 1조각, 소금 약간, 후춧가루 약간, 식용유 약간

데리야키 소스재료
레몬 1/2개, 마늘 2~3쪽, 생강 1조각, 말린 홍고추 1개, 간장 1컵, 물 1/2컵, 맛술 1/2컵, 설탕 1/2컵

연어는 오래 익히면 살이 단단해지므로 70~80%만 익혀 주세요.

1 연어를 2cm 크기로 작게 잘라 소금, 후춧가루, 청주를 뿌려 재운다.

2 브로콜리는 끓는 물에 데친 뒤 작게 자르고, 양파도 비슷한 크기로 썰어 놓는다.

3 식용유를 약간 두른 프라이팬에 연어를 재빨리 구워 준다.

4 연어를 한쪽으로 옮기고 브로콜리와 양파를 넣어 소금을 약간 뿌린 뒤 재빨리 볶는다.

데리야키 소스는 재료를 냄비에 넣어 약불로 1/2이 되게 조려서 미리 만들어 사용하세요.

5 미리 만들어 놓은 데리야키 소스를 뿌려 약불에서 잠깐 조린다.

6 약불에서 윤기 나게 구운 뒤 후춧가루를 뿌리고 접시에 담는다.

연어에는 오메가-3 지방산과 비타민 E가 풍부하여 뇌세포 발달에 도움을 주고, 노화를 방지하여 아이는 물론 여성에게도 좋은 생선이에요. 요즘에는 부위별로 잘라 손질해서 판매하기 때문에 간단하게 굽기만 해도 훌륭한 요리가 됩니다. 연어는 채소와 함께 먹으면 산화 방지에 도움이 되어 더욱 좋다고 하니 브로콜리와 함께 맛있는 연어 데리야키 덮밥을 만들어 보세요.

항정살 부추 볶음

쫄깃하고 부드러운 식감을 내려고 돼지고기 부위 중 항정살을 사용한 볶음 요리입니다.
고기와 채소만 있으면 5분 내로 근사한 요리를 만들 수 있어요.

얌선생 Tip

● 항정살은 목덜미살로, 촘촘한 마블링 때문에 맛이
담백하고 쫄깃하며 육즙이 풍부해요. 항정살이 없
을 때는 가브리살이라고도 하는 등심덧살을 이용
하세요.

● 아이의 음식을 담을 때는 다양한 모양의 볼이나 작
은 소스볼을 이용해 적은 양을 담아 1인분씩 내보
내는 것도 좋아요.

주재료
돼지고기 항정살 200g, 부추 1/4줌, 파프리카 1/4개,
양파 1/4개, 생강 1작은술, 소금 약간, 후춧가루 약간,
식용유 약간

소스재료
굴 소스 1/2큰술, 간장 1/2큰술, 참기름 1/2큰술,
올리고당 1/2큰술

1 항정살에 생강, 소금, 후춧가루로 밑간을 한다.

2 파프리카, 부추, 양파를 3~4cm 길이로 채썬다.

3 소스재료의 분량대로 모두 섞어 소스를 만든다.

채소도 센불에서 재빨리 볶아 주세요.

4 밑간을 한 항정살을 센불에서 노릇하게 굽는다.

5 파프리카와 양파를 넣어 볶는다.

6 3의 소스를 넣어 볶다가 불을 끈 뒤 부추를 넣어 섞는다.

영양
식재료

가을철에는 **쪽파**가 풍성하지요. 쪽파에는 비타민과 칼슘, 철분이 많아
위 기능을 돕고 감기도 예방해 준다고 해요. 우리가 양념의 재료로만
알고 있는 쪽파를 부추 대신 돼지고기와 함께 기름에 볶아서 먹으면
맵지 않고 달콤한 맛이 나서 아이도 좋아합니다.

김가루 청포묵 무침

담백하고 고소한 청포묵 무침에 김가루를 듬뿍 넣으면 고소한 맛이 일품이에요.
아이는 청포묵의 부들부들한 느낌을 재미있어 한답니다.
정성스러운 탕평채는 아니지만, 이렇게 간단하게 만든 김가루 청포묵 무침도 아이는 참 좋아해요.

얌선생 Tip

● 다양한 채소와 계란을 넣어 탕평채를 만들
때는 양념장에 식초를 약간 넣어 만들어 주
면 좋아요.

● 스프볼에 볶음밥이나 간식을 담을 수도 있지
만 아이의 반찬을 담을 때도 활용해 보세요.

재료 준비하기

주재료
쇠고기(불고기용) 100g, 청포묵 1모, 김가루 1컵, 식용유
약간, 물 3컵, 소금 1작은술

쇠고기양념재료
간장 1큰술, 꿀 1큰술, 참기름 1/2큰술, 마늘 1작은술,
후춧가루 약간

양념장재료
쪽파 3개, 간장 1큰술, 참기름 1/2큰술, 통깨 1/2큰술

흰색의 청포묵이 투명해질 때까지
데쳐 주세요.

1 청포묵을 채썰어 끓는 소금물(물 3컵과 소금 1
작은술의 비율)에 데친 뒤 체에 밭쳐 물기를
뺀다.

2 쇠고기는 가늘게 채를 썰거나 잘게 다져 쇠고
기양념재료로 양념한다.

3 프라이팬에 식용유를 두른 뒤 양념한 쇠고기
를 넣고 볶는다.

4 양념장재료의 분량대로 섞어 양념장을 만든다.

고소한 맛을 내려고 양념에 식초를 넣지
않았어요.

5 물기가 빠진 청포묵에 볶은 쇠고기와 양념장,
김가루를 넣고 묵이 부서지지 않게 무친다.

아이가 정말 좋아하는 고소한 **김**은 사시사철 식탁에 올라 미네랄을 보
충해 주는 건강식품이에요. 알칼리 식품의 대표라고 할 수 있는 김은
필수 아미노산을 비롯하여 미네랄이 풍부한데, 특히 B12를 함유하고
있어 빈혈 예방에도 좋아요. 김을 고를 때는 잡티가 적고 검은 빛깔에
광택이 나며, 고소한 맛이 나는 것이 최상품의 김입니다.

바삭바삭 검은콩 과자

평소에 아이가 잘 먹지 않는 검은콩을 고소하고 짭조름한 과자처럼 만들었어요.
만들기도 쉽고, 아이가 집에서 왔다갔다 하며 손쉽게 먹을 수 있는 건강 간식이에요.

얌선생 Tip

● 하루 전날 콩을 씻어 소금물에 담가 놓으
  면 바삭한 콩과자를 만들 수 있어요.
● 작은 사이즈의 투명한 뚜껑이 있는 병이
  라면 재활용 병을 사용해도 좋아요.

재료 준비하기

주재료
검은콩 2컵, 물 8컵, 소금 2큰술

1 물 8컵에 소금 2큰술을 넣어 소금물을 만든다.

2 콩은 여러 번 씻어 헹군다.

3 깨끗이 씻은 콩을 1에 넣고 8시간 정도 불린다.

4 콩을 체에 밭여 물기를 완전히 제거한다.

오븐은 콩을 굽기 전에
꼭 미리 예열해 주세요

5 물기를 제거한 콩을 180℃로 예열된 오븐에서 30~40분간 구워 준다.

6 오븐에서 꺼낸 검은콩 과자가 식으면 뚜껑이 있는 병에 담아 준다.

건강식품으로 각광받는 블랙 푸드의 대표 식품인 **검은콩**은 주로 밥에 넣어 먹거나 반찬으로 만들어 먹는데, 의외로 콩을 싫어하는 아이가 많답니다. 검은콩의 검은색을 내는 안토시안 성분은 활성산소를 제거하여 면역력을 길러 주고 노화를 예방해 줍니다. 매일 조금씩 먹으면 시력 향상에도 도움이 되는 검은콩을 과자로 만들어 아이에게 먹여 보세요.

유자에이드

상큼하고 달콤한 향의 유자는 추울 때는 따뜻한 차로, 더울 때는 시원한 에이드로 만들어 즐길 수 있어요.
꿀을 넣은 유자청을 미리 만들어 놓으면 사계절 상큼한 유자를 즐길 수 있어요.
유자는 비타민 C가 풍부해서 평소 아이에게 먹이면 감기를 예방할 수 있어요.

얌선생 Tip
- 흰설탕을 넣어 만든 유자청 색이 예쁘나, 건강에는 비정제 설탕이나 꿀이 더 좋아요.
- 유자에이드는 색이 예쁘니 투명한 컵에 담아 주는게 예뻐요.

재료 준비하기

주재료
유자청 2큰술, 레몬즙 1큰술, 탄산수 1컵, 레몬
슬라이스 2조각, 얼음 약간

껍질까지 사용하므로, 베이킹소다를
뿌려 문질러서 깨끗이 씻어 주세요.

집에서 만든 유자청이 없을 때는
판매용 유자차를 이용하세요.

1 유자에이드에 장식할 레몬을 깨끗이 씻은 뒤
얇게 썰어 2조각 준비한다.

2 컵에 유자청 2큰술, 레몬즙을 넣어 섞는다.

3 컵에 얼음을 채운다.

4 컵에 장식용 레몬을 2조각 넣는다.

5 컵에 탄산수를 부어 채운다.

유자청 만드는 법

• 유자는 베이킹소다로 문질러서
  깨끗이 씻은 뒤에 씨를 제거해 주
  세요.
• 씨앗을 뺀 유자는 곱게 채썰어 같
  은 양의 설탕을 넣고 섞어 주세요.
• 열탕으로 소독한 유리병에 담아
  줍니다.

레몬보다 세 배나 비타민 C가 풍부한 **유자**가 제철인 11월은 큰 일교차 때문에 유독
감기에 걸리는 사람이 많지요. 유자는 감기는 물론, 고혈압과 중풍도 예방하고 피로
회복 등에도 좋아요. 다른 과일에 비해 칼슘 함유량이 높아 성장기 어린이의 골격 형
성에 도움이 되고, 성인의 골다공증 예방에도 효과가 좋아요. 유자청은 차는 물론, 샐
러드드레싱, 홈베이킹, 반찬 등에도 다양하게 활용할 수 있어요.

추석에 어울리는
오색 송편

추석하면 떠오르는 대표적인 음식인 송편을 아이와 함께
미술놀이를 하듯이 조물조물 만들어 보세요.
쌀가루를 천연색으로 물들여 만든 알록달록한 반죽으로
아이가 직접 송편을 만들어 보게 하세요.
아이의 상상력을 동원하여 만든 예쁜 송편을
추석날 다과상에 올려 보세요.

얌선생 Tip

● 황치자, 단호박, 쑥, 당근, 블루베리, 자색고
 구마, 딸기, 백련초 등을 이용하면 흰쌀가
 루에 색을 입힐 수 있어요.

● 한 번에 물을 넣으면 반죽이 질어질 수 있으
 므로 미지근한 물을 조금씩 부어가면 반죽
 하세요.

재료 준비하기

주재료

[송편반죽] 쌀가루 2컵+미지근한 물 / 쑥쌀가루 2컵+미지근한 물 / 쌀가루 2컵+단호박즙 2큰술+미지근한 물 / 쌀가루 2컵+블루베리즙 2큰술+미지근한 물 / 쌀가루 2컵+딸기즙 2큰술+미지근한 물

* 송편반죽의 물의양은 미지근한 물(3~5큰술 정도)을 조금씩 부어가며 알맞게 반죽해 주세요.

[송편소] 통깨 1컵+대추 10개+꿀 2큰술+설탕 2큰술 / 크랜베리 1컵+꿀 1큰술+설탕 1큰술

가을이 깊어가면 **밤**과 **대추**가 제철을 맞아 더욱 맛있어집니다. 추석에 빚는 송편소 안에 들어가는 재료로, 각종 영양소가 들어 있어 완벽한 식품인 밤과 대추를 넣어 환절기 아이 건강까지 챙겨 보세요. 밤은 특히 성장기 어린이나 허약한 사람에게 좋은 영양 공급원이 되며, 대추는 36종의 다양한 무기원소가 들어 있어 오래 먹으면 안색이 좋아지고 몸이 가벼워지는 건강식품입니다.

아이는 앞치마를 입고 요리하는 시간을 제일 즐거워해요. 쌀가루를 체에 내릴 때 직접 쌀가루를 만져 보게 하면 신기하고 재미있어 해요.

쌀가루를 체에 쳐서 만들면
송편의 결이 고와요.

1 쌀가루를 체에
쳐서 준비한다.

2 흰쌀가루, 쑥쌀가루와 블루베리즙, 딸기즙, 단
호박즙을 준비한다.

3 흰쌀가루에 천연즙을 넣고 미지근한 물을 조
금씩 부어가며 숟가락으로 섞어 준다.

흰쌀, 쑥, 단호박, 블루베리, 딸기를
섞어 다섯 가지 색상의
반죽을 만들어 주세요.

4 손으로 뭉쳐 가며 한참 치대면서 반죽한다.

5 반죽을 비닐에 넣어 상온에서 10분 이상 숙성
시켜 말랑하게 만든다.

6 송편소재료의 분량대로 섞어 두 가지 송편소를
만든다.

7 반죽을 길게 만들어 송편 하나 분량으로 떼어 낸 뒤 동그랗게 빚는다.

8 새알심처럼 동그란 반죽의 가운데를 손가락으로 눌러 준 뒤 송편소를 넣는다.

10 아이가 좋아하는 과일 모양의 송편을 다섯 가지 색의 반죽을 이용하여 만든다.

11 찜통에 김이 오르면 송편을 서로 달라붙지 않게 넣어 20분 정도 찐다.

9 송편소를 넣은 반죽을 다시 동그랗게 만든 뒤 송편 모양으로 잡아 준다.

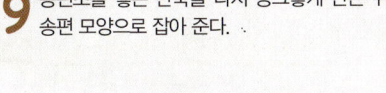

12 알록달록 오색 송편 완성!

아이와 함께 만드는 오색 송편 & 추석 다과상차림

오곡백과가 무르익는 한가위! 추석에 먹는 대표 음식인 송편을 아이와 함께 햅쌀로 예쁘게 빚어 보세요. 아이가 직접 만든 송편을 상에 올리기만 해도 다과상은 더욱 화려해질 거예요. 여기에 풍성한 햇과일로 장식해서 다과상에 가을 정취를 더해 보세요.

추석날 다과상차림 Tip 🌿🌰

- 아이가 조물조물 만든 과일 모양의 오색 송편
- 견과류와 조청을 넣어 만든 고소하고 달콤한 견과류 강정
- 홍시를 꽁꽁 얼려 시원하게 만든 홍시 스무디 (홍시 스무디 만들기는 168쪽을 참조하세요.)
- 올해 수확한 햇과일

강정
만들기!!

주재료
견과류 500g(호두, 아몬드,
크랜베리, 호박씨, 시리얼),
조청 1/2컵, 설탕 1/2컵,
포도씨유 1큰술, 물 1큰술

견과류 강정 만들기

추석 다과상차림에 어울리는 영양 간식 견과
류 강정은 명절날 어른들께도 선물하기 좋은
음식이에요. 견과류와 건과일이 듬뿍 들어
있어 성장기 어린이부터 어르신까지 모두에
게 좋은 영양 간식이랍니다. 낱개로 포장해서
시원한 곳에 보관했다가 아이에게 간식으로
주세요.

약불에서 타지 않게
바삭하게 구워 주세요.

설탕이 녹은 시럽이 끓을
때까지 젓지 말아 주세요.

1 크랜베리와 시리얼을 뺀 나머지 견과류를 프라이팬에서 구워 준다.

2 다른 프라이팬에 조청, 설탕, 포도씨유, 물을 넣고 약불에서 끓인다.

3 시럽이 끓으면 구운 견과류와 나머지 재료를 모두 넣고 섞어 준다.

4 네모난 틀에 기름종이를 깔아 준비한다.

5 시럽에 섞은 견과류를 평평하게 펴 준다.

6 견과류 강정이 완전히 식기 전에 칼로 자른다.

컵 초밥

투명한 컵에 여러 가지 재료를 담아 색색의 화려한 컵 초밥을 만들었어요.
보기에도 예쁘고 한 손에 들고 떠먹기도 편해 아이 파티나 도시락 메뉴로 좋은 요리예요.
아이가 좋아하는 다양한 재료를 넣어 컵 초밥을 만들어 주세요.

얌선생 Tip
● 컵은 떠먹기 좋게 입구가 좁지
않고 투명해서 재료가 보이는 용
기를 사용하세요.

152

재료 준비하기

주재료
밥 2공기, 게맛살 3개, 데친 새우 4마리, 계란 1개, 오이 2/3개, 마요네즈 1큰술, 레몬즙 약간, 후춧가루 약간, 소금 1작은술, 설탕 1작은술

배합초재료
식초 1큰술, 설탕 1/2큰술, 소금 약간

오이는 최대한 얇게 썰어서 절여 주세요.

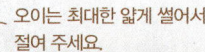

1 계란은 삶아 노른자만 준비한다.

2 오이를 반달 모양으로 얇게 잘라 소금과 설탕 1작은술을 각각 넣어 절인 뒤 꽉 짜서 물기를 뺀다.

3 게맛살에 마요네즈, 레몬즙, 후춧가루를 넣고 비빈다.

4 밥에 배합초를 넣고 비빈다.

5 컵에 밥, 오이, 밥, 게맛살 순서로 담고, 계란노른자는 체에 쳐서 담은 뒤 새우를 올려 준다.

컵 초밥을 만들 때 속 재료로 다양한 식재료를 사용할 수 있어요. 가을이면 더 맛있어지는 **연근**이나 **우엉**을 조려서 컵 초밥 안에 넣으며 땅속의 영양을 그대로 먹을 수 있는 뿌리채소 초밥이 됩니다. 연근, 우엉, 더덕, 마 등 뿌리채소는 무기질과 섬유질이 풍부할 뿐 아니라 쌉싸래한 향기와 씹는 맛이 좋은 건강채소입니다.

단호박 영양밥

아이 입맛을 사로잡는 가을철 단호박으로 달콤하고 맛있는 영양밥을 만들어 주세요.
성장기 어린이는 물론 몸이 허약한 아이가 꼭 먹어야 할 가을철 보약이에요.

양선생 Tip

● 냄비는 소재에 따라 음식의 맛이 달라져 요리에 적합한 냄비를 선택하는 것도 중요해요. 영양밥을 만들 때는 재료의 영양 손실을 줄이고 시간을 단축할 수 있는 주물냄비나 흙으로 만든 질냄비, 뚜껑이 삼각형이라 수분을 조절해 주는 타진냄비를 이용하면 맛있는 영양밥을 만들 수 있어요.

재료 준비하기

주재료
단호박 1/6개, 멥쌀 1컵, 찹쌀 1/2컵, 대추 4개,
새송이버섯 1개, 다시마 1줌

양념장재료
간장 2큰술, 물 1큰술, 참기름 1큰술, 통깨 1큰술,
설탕 1작은술, 다진 쪽파 1큰술

단호박 껍질은 전자레인지나 찜통에 살짝 익혀 칼을 이
용해 바깥쪽으로 저미듯이 자르면 쉽게 벗길 수 있어요.

1 멥쌀과 찹쌀을 섞어서 씻은 후 30분 정도 불린다.

2 물 4컵에 다시마를 1줌 넣어 10분 정도 약불로 끓인 뒤 5분 후에 다시마를 건져 준다.

3 호박은 껍질을 벗긴 뒤 작게 자르고, 새송이버섯과 대추도 잘라 준다.

4 불린 쌀과 다시마물을 1:1.5로 넣고 중불에서 끓인다.

5 한소끔 끓어오르면 호박, 버섯, 대추 등을 넣고 약불에서 끓이다 불을 끈 뒤 10분 정도 뜸을 들인다.

6 양념장재료를 분량대로 섞어서 만든다.

가을 보약으로 불리는 **단호박**에는 비타민 C와 당질이 풍부하여 감기
예방은 물론, 면역력 증진과 피로 회복에 좋아요. 특히, 단호박에 풍부
한 베타카로틴은 몸속에 들어오면 비타민 A로 바뀌어 눈에 좋고, 섬유
질이 풍부하여 다이어트와 변비에도 효과적인 식재료랍니다. 단호박은
껍질이 짙은 녹색을 띠고 단단하며 무거운 것을 고르면 좋아요.

버섯 · 야채죽

선선한 바람이 부는 계절, 아이의 아침을 든든하게 해주는 버섯 야채죽은
찬밥을 이용하여 바쁜 아침에 간편하게 만들 수 있어요.
따뜻하고 부드러운 버섯 야채죽을 먹고 등교한 우리 아이가
따뜻한 엄마 사랑으로 힘찬 하루를 보낼 수 있답니다.

맘선생 Tip

● 버섯 야채죽은 찬밥과 애호박, 당근 등 채
소를 넣어 손쉽고 빠르게 만들 수 있어요.

● 죽을 담을 때 가을, 겨울에는 따뜻한 색의
그릇을 활용해 보는 것이 좋아요.

재료 준비하기

주재료
표고버섯 1개, 새송이버섯 1개, 브로콜리 1/6개,
양파 1/6개, 밥 1공기, 다시마 1줌, 참기름 1/2큰술,
통깨 1작은술, 소금 약간, 물 5컵

재료들은 잘게 채썰거나
다져서 준비하세요.

1 물 5컵에 다시마를 1줌 넣어 10분 정도 약 불로
끓인 뒤 5분 후에 다시마를 건져 준다.

2 표고버섯, 새송이버섯, 브로콜리는 잘게 채썬다.

3 찬밥에 다시마육수를 4컵 넣어 중불로 끓인다.

4 밥이 끓으면 표고버섯, 새송이버섯, 브로콜리,
양파를 넣고 중불로 끓인다.

5 한소끔 끓인 뒤 소금으로 간을 하고 약불로 줄
인다.

6 충분히 끓으면 불을 끄고 참기름, 통깨를 넣어
준다.

영양
식재료

가을은 **버섯**의 계절이에요. 우리가 흔히 알고 먹는 버섯도 있지만, 요
즘엔 모양이나 이름이 낯선 버섯의 종류도 많아졌어요. 아이 두뇌 활동
에 도움을 주는 버섯인 쫄깃쫄깃한 식감의 황금팽이버섯은 버섯부침
을 하면 좋고, 미니새송이버섯은 아이 장조림으로 활용하면 좋아요.

고구마 찜닭

가을이 제철인 달콤한 고구마를 넣어 만든 간장 찜닭이에요.
음식점에서 사먹는 찜닭에는 캐러멜색소를 많이 넣는데,
집에서 만들 때는 색소 없이 만들고 간도 세지 않게 만들 수 있어요.

얌선생 Tip

● 찜닭 속에 아이가 좋아하는 고구마와 당면을 듬뿍 넣어 만들어 주세요.

● 아이들이 먹을 때는 많은 양을 담아 주는 것보다 작은 양을 덜어 주는 것이 좋은데요. 예쁜 컵이 있다면 활용해 보세요.

재료 준비하기

주재료
닭 1마리(600g), 고구마 3개, 당근 1개, 양파 1개,
당면 1줌, 대파 1개, 우유 1컵

양념장재료
물 3컵, 간장 1/2컵, 청주 1/2컵, 굴 소스 1큰술,
매실액 1/2컵, 설탕 1큰술, 마늘 1큰술, 생강 1작은술,
통깨 1/2큰술, 참기름 1/2큰술, 후춧가루 약간

1 당면은 뜨거운 물에 30분 정도 불린다.

2 닭을 우유에 30분 정도 재워두었다가 찬물로
씻어 헹군다.

3 고구마와 당근, 양파를 비슷한 크기로 큼직하
게 썬다.

닭과 채소를 노릇하게 구운 뒤
양념장을 넣어야 맛이 더 좋아요.

4 닭과 채소를 프라이팬에 노릇하게 굽다가 양
념장을 만들어 붓고, 중불로 끓인다.

5 양념장 국물을 중불에서 끓인다.

6 국물이 1/3정도 남았을 때 당면과 대파를 넣어
당면이 익을 때까지 끓인다.

고구마에는 식이섬유가 많아 금세 포만감을 느끼게 하고, 변비에도
효과적이에요. 나트륨 배출을 돕는 칼륨과 비타민 C도 풍부하지요.
고구마를 조리할 때 껍질을 벗겨서 두면 표면이 검게 변하는데, 옅은
설탕물에 담그면 색이 변하지 않아요.

대하 브로콜리 샐러드

상큼한 레몬향의 대하 브로콜리 샐러드예요.
제철 맞은 통통한 가을 대하로 환절기 건강에 도움이 되는
대하 브로콜리 샐러드를 아이에게 만들어 주세요.

얌선생 Tip

● 대하는 끓는 물에 레몬을 한두 조각 넣어서 데치면
해산물 특유의 비린내와 잡내를 없앨 수 있어요.

● 다양한 색깔이 있는 요리이기 때문에 단색 접시를
사용하는게 좋아요. 가을이나 겨울에는 따뜻한 느
낌의 파스텔톤 접시를 활용해 보는 것도 좋아요.

재료 준비하기

주재료
대하 10마리, 브로콜리 1/2개, 방울토마토 10개, 물 3컵, 소금 1/2큰술

샐러드소스재료
다진 양파 1큰술, 레몬즙 2큰술, 올리브유 2큰술, 매실액 1큰술, 설탕 1큰술, 간장 1큰술, 후춧가루 약간

이쑤시개를 이용해 대하의 등쪽에서 내장을 빼 주세요.

1 대하는 꼬리 한 마디만 남기고 껍질을 깐다.

2 껍질을 깐 대하를 끓는 물에 데쳐 준비한다.

3 브로콜리도 끓는 소금물(물 3컵+소금 1/2큰술)에 데치고, 찬물에 헹군 뒤 한입 크기로 자른다.

4 방울토마토를 씻어 2등분한다.

5 소스재료의 분량대로 섞어 샐러드 소스를 만든다.

6 접시에 대하·브로콜리·방울토마토를 골고루 담고, 샐러드 소스는 먹기 직전에 뿌려서 낸다.

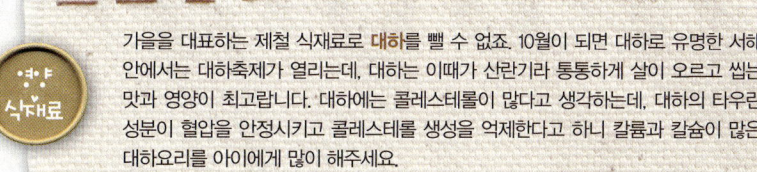

가을을 대표하는 제철 식재료로 **대하**를 뺄 수 없죠. 10월이 되면 대하로 유명한 서해안에서는 대하축제가 열리는데, 대하는 이때가 산란기라 통통하게 살이 오르고 씹는 맛과 영양이 최고랍니다. 대하에는 콜레스테롤이 많다고 생각하는데, 대하의 타우린 성분이 혈압을 안정시키고 콜레스테롤 생성을 억제한다고 하니 칼륨과 칼슘이 많은 대하요리를 아이에게 많이 해주세요.

짜장 떡볶이

떡볶이는 누구나 좋아하는 음식이지만, 매운맛 때문에 먹지 못하는 아이도 있답니다.
그런 아이에게는 짜장을 넣어 떡볶이를 만들어 주세요.
아이가 가장 좋아하는 외식 메뉴인 짜장으로
떡볶이를 만들면 맵지도 않고, 온 가족이 맛있게 먹을 수 있어요.

얌선생 Tip

● 어른용 짜장 떡볶이에는 고운 고춧가루를
약간 넣으면 매콤하고 좋아요.

● 짜장 떡볶이를 먹을 때 미니 파에야팬에 옮
겨서 차리면 스타일리시하게 테이블을 세팅
할 수 있어요. 아이들이 먹는 것이기 때문에
팬이 뜨겁지 않나 꼭 확인해 주세요.

재료 준비하기

주재료

떡볶이떡 2컵, 양파 1/4개, 양배추 1장, 어묵 1장,
삶은 계란 2개, 오이 약간, 짜장분말 1/2컵, 물 2컵,
올리고당 2큰술, 깨 약간

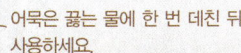

어묵은 끓는 물에 한 번 데친 뒤
사용하세요.

1 떡볶이떡을 물에 담갔다가 씻어서 준비한다.

2 양배추, 어묵, 양파 등은 한입 크기로 썰어서
준비한다.

3 물 2컵에 짜장분말을 풀어서 끓인다.

4 3에 떡볶이떡과 삶은 계란을 넣어 끓여 준다.

5 떡이 끓기 시작하면 채소와 어묵을 넣고 끓인다.

6 떡볶이떡과 채소가 익으면 올리고당을 넣고
불을 끈 뒤 먹기 전에 오이를 채썰어 올리고
깨를 뿌려 준다.

영양
식재료

짜장 떡볶이에 가을 제철 **새우**와 **해산물**을 넣어 만들면 부족한 영양분
을 채워 주어 아이에게 더욱 건강하고 맛있는 간식이 될 거예요. 대하
는 9~11월이 산란기로 맛과 영양이 가장 풍부할 때인데, 먹이를 충분
히 섭취해 살이 가장 오르고 감칠맛 나는 새우를 먹을 수 있어요.

돼지고기 생강구이

돼지고기 생강구이는 대표적인 일본 가정 요리입니다.
생강은 따뜻한 성질이 있어 찬바람이 부는 가을에 몸을 보신할 수 있고,
은은한 향은 고기의 잡내도 제거하여 서로 궁합이 잘 맞는 음식입니다.

얌선생 Tip

- 돼지고기 생강구이에 채소를 올려 아이가 채소도 함께 먹을 수 있게 해주세요.
- 완성된 돼지고기 생강구이를 단색의 베이지색 디자인이 들어간 그릇에 담고 싱싱한 초록색의 채소를 올려 주면 자연스러우면서도 음식이 돋보여요.

재료 준비하기

주재료
돼지고기 목살 300g, 새싹채소 1줌, 소금 약간, 후춧가루 약간

양념장재료
생강 1/2큰술, 다진 마늘 1/2큰술, 간장 2큰술, 청주 2큰술,
매실액 2큰술, 설탕 1큰술, 참기름 1큰술, 후춧가루 약간

고기는 아이 입 크기에 맞게
잘라 주세요.

1 돼지고기 목살을 한입 크기로 잘라 소금과 후
춧가루를 뿌려 준다.

2 양념장재료의 분량대로 섞어 양념장을 만든다.

3 달군 프라이팬에서 돼지고기 목살을 노릇하
게 굽는다.

4 고기가 거의 익었을 때 양념장을 넣고 약불에
서 조린다.

5 접시에 구운 돼지고기 목살을 담고 새싹채소
를 올려 준다.

영양 식재료

생강은 몸의 온도를 올려 주어 몸이 냉해지거나 아이가 배탈이 났을
때 도움이 되는 식재료예요. 환절기가 되면 감기로 고생하는 일이 많은
데, 가벼운 감기에는 약을 먹는 것보다 몸을 따뜻하게 해주는 음식이나
차를 마시면 좋아요. 아이가 심한 감기에 걸렸을 때 생강꿀차를 진하게
끓여 자주 마시게 해주면 효과가 좋아요.

토마토 바게트 카나페

토마토를 듬뿍 올린 카나페는 토마토를 좋아하는 아이 덕분에 우리집 단골 간식이에요.
스파게티를 먹을 때 함께 만들어 주면 아이가 너무나 좋아해요.
눈과 입이 즐겁고 영양도 많은 토마토 바게트 카나페를 추천해요.

얌선생 Tip

● 바게트는 얇게 잘라서 그대로 사용해도 되지만 올
리브유를 뿌려 오븐에 구운 뒤에 사용하면 더 고소
하고 바삭한 식감이 나는 카나페를 즐길 수 있어요.

● 카나페를 담을 때 나무도마를 사용하면 자연스러우
면서도 멋스럽게 세팅할 수 있어요. 빵이나 피자를
담을 때도 나무도마를 활용해 보세요.

재료 준비하기

주재료
바게트 10조각, 토마토 2개, 블랙올리브 10개, 새싹
채소 약간, 파마산치즈 약간

소스재료
올리브유 3큰술, 레몬즙 2큰술, 다진 양파 1큰술,
설탕 1큰술, 소금 약간, 후춧가루 약간

바게트는 아이가 먹기 편하게 최대한
얇게 잘라 주세요.

1 얇게 썬 바게트 10조각을 준비한다.

2 토마토에 칼집을 내서 뜨거운 물에 데친 뒤 껍
질을 까서 준비한다.

토마토에서 나온 물기는
따라 버리세요.

3 2의 토마토를 네모난 크기로 잘게 썰고, 블랙
올리브도 잘라서 준비한다.

4 볼에 소스재료의 분량대로 섞어 소스를 만든다.

5 토마토와 올리브에 소스를 부어 섞는다.

6 얇게 썬 바게트 위에 토마토를 1큰술씩 떠서
올리고, 파마산치즈를 갈아서 뿌린 뒤 새싹채
소로 장식한다.

바게트 위에 토마토를 올린 카나페도 맛있지만 버섯을 좋아한다면 가
을 제철 영양 많은 버섯을 올린 카나페도 좋아요. 올리브유에 마늘과
버섯을 볶아 올리고 발사믹식초와 치즈를 뿌리면 간단하면서도 맛있
는 가을 버섯 카나페를 만들 수 있습니다.

홍시 스무디

요즘에는 얼린 홍시를 사시사철 구할 수 있어 아이가 시원한 아이스크림을 먹고 싶어 할 때
달콤하고 시원한 홍시를 이용하여 엄마표 홍시 스무디를 만들어 줄 수 있어요.
얼린 홍시를 요구르트와 함께 갈면 근사한 디저트 메뉴가 된답니다.

얌선생 Tip

● 시럽을 넣지 않아도 달콤하지만, 좀 더 달
게 먹고 싶다면 올리고당이나 아가베시럽
을 넣어 주세요.

● 스무디는 색도 예쁘고 아이들이 좋아해서
다양한 컵이나 볼에 담아내면 보기에도
좋아요.

재료 준비하기

주재료
얼린 홍시 1개, 플레인 요구르트 1개, 레몬즙
1/2큰술, 물 1/2컵, 아가베시럽 1큰술

제철 홍시를 많이 사서 미리 얼려 두고
필요할 때마다 꺼내쓰면 좋아요.

1 얼린 홍시를 준비한다.

2 얼린 홍시의 꼭지 반대 부분을 십자 모양으로
칼집을 낸다.

3 2를 따뜻한 물에 살짝 담갔다가 꺼내서 껍질
을 벗긴다.

4 홍시와 물 1/2컵을 넣고 믹서에 간다.

5 4에 요구르트와 레몬즙, 아가베시럽을 넣고
다시 곱게 갈아 준다.

가을이 깊어 가면 달콤한 **홍시**를 맛볼 수 있어요. 늦가을 제철 홍시를 많이 구입해서
냉동실에 얼려 두면, 겨울 내내 아이에게 맛있는 홍시로 간식을 만들어 줄 수 있어요.
감을 많이 먹으면 변비에 걸린다고 하는데, 그것은 감 속에 들어 있는 떫은 맛을 내는
타닌이라는 성분이 장 활동에 영향을 주기 때문이에요. 하지만 잘 익은 홍시에는 타
닌이 거의 없어 변비에 걸리지 않는다고 해요.

아이와 함께 만드는 할로윈 쿠키

요즘엔 할로윈데이에 아이들이 친구들에게
할로윈 쿠키와 사탕을 선물하는 경우가 많아요.
아이가 집에서 직접 나만의 할로윈 쿠키를 만들어
친구들에게 선물하게 해보세요.
아이와 친구들에게 잊지 못할
할로윈데이의 선물이 될 꺼에요.

얌선생 Tip

● 쿠키에 나무스틱을 꽂아서 롤리팝처럼 재미있는
할로윈 스틱 쿠키를 만들어 보세요.

● 쿠키 반죽을 만들 때 박력분, 설탕, 아몬드파우더,
코코아파우더 등을 각각 준비하고 계량해서 만들
수도 있지만 간단히 시판 쿠키믹스를 사용하여 만
들면 손쉽고 빠르게 쿠키 반죽을 만들 수 있어요.

영양
식재료

베이킹할 때 사용하는 **식용색소**는 점도 있는 페이스트 형태로 되어 있어요. 쿠키의 아이싱이나 케익을 장식할 때 사용하는 식용색소는 농도가 매우 진하므로 소량을 사용하세요. 조금 번거롭긴 해도 요즘엔 베이킹할 때 천연색소를 많이 사용하고 있어요. 일반 색소보다 가격이 좀 비싸고 색상이 진하지는 않아도 아이의 건강을 위해 녹차, 백년초, 단호박가루 등을 사용하여 색을 만들어 보세요.

재료 준비하기

주재료
시판 쿠키믹스 2봉(500g), 계란노른자 2개, 버터 80g, 우유 1/4컵, 유산지, 쿠키커터, 나무스틱

아이싱
슈가파우더 200g, 계란흰자 1개, 레몬즙 1작은술, 식용색소 약간씩

반죽이 밀대로 밀기에 너무 질 경우에는 박력분을 넣어서 반죽을 조절해 주세요.

1 실온에 꺼내 놓은 말랑한 상태의 버터와 계란, 우유를 넣어 거품기를 이용해 1분 정도 섞는다.

2 1에 쿠키믹스를 넣어 섞어서 반죽을 하나로 뭉친다.

오븐의 상태에 따라서 굽는 시간과 온도는 약간씩 다를 수 있어요.

4 할로윈 쿠키커터로 모양을 찍은 반죽에 나무 스틱을 꽂아준다.

5 오븐 팬에 유산지를 깔고 간격을 띄어서 놓고, 170℃로 예열된 오븐에서 12~15분간 굽는다.

3 반죽을 밀대로 0.4cm~0.5cm 두께로 밀어 할로윈 쿠키커터로 찍는다.

6 볼에 계란흰자를 넣어 거품기로 가볍게 섞어 주다가 슈가파우더와 레몬즙을 넣어 거품기로 골고루 섞어 아이싱을 만든다.

식용색소를 사용할 때는 소량만 넣어도 색이 진하게 나기 때문에 이쑤시개를 이용해 조금씩 찍어 넣어 색을 조절해 주세요.

7 아이싱을 작은 볼에 나누어 담고 식용색소를 조금씩 넣어서 색을 만들고 일회용 짤 주머니나 유산지에 담아 준다.

8 구워서 식힌 쿠키 위에 아이싱을 이용해 라인을 그려 주고, 색이 들어간 아이싱으로 그림을 채워서 장식한다.

9 아이싱으로 장식한 쿠키를 손에 묻어나지 않을 때까지 실온에서 말려 준다.

주재료
단호박 큰거 1개, 통조림
슬라이스밤 1컵, 물 2컵,
한천 2큰술, 물엿 1/2컵,
설탕 1/2컵, 소금 약간

할로윈 단호박 양갱 만들기

단호박으로 만든 양갱은 할로윈과 잘 어울리는 달콤한
건강간식이에요. 할로윈데이에 쿠키나 사탕대신 친구들
에게 단호박 양갱을 포장하여 선물해도 좋을 것 같아요.

맛있는 양갱을 만들기 위한 Tip 양갱을 만들 때 양갱의
쫀득한 식감과 윤기를 내주는 물엿은 꼭 넣어 주시고
양갱의 단맛을 내기 위해 넣는 설탕은 기호에 따라 양
을 조절하시면 되요.

단호박을 곱게 으깨기 위해
체에 한 번 내려 주면 좋아요.

1 단호박은 껍질을 벗기고 찜통에
찐 뒤 곱게 으깨 준다.

2 냄비에 물과 한천을 넣어 5분 정도
불린 후에 약불에서 끓이다가 으
깬 단호박을 넣어 5분 더 끓인다.

3 2에 슬라이스 밤, 설탕, 물엿, 소
금을 넣어 2분 정도 저으면서 조
린다.

4 3을 틀에 붓고 실온에서 2~3시
간 정도 굳혀 준다.

할로윈 쿠키 포장하기

친구들에게 선물할 할로윈데이 쿠키와 사탕을 이제 예쁘게
포장해 볼까요? 직접 만든 쿠키가 없다면 시판용 초콜릿이
나 사탕을 포장해 주세요. 할로윈을 대표하는 색상인 주황
색상지와 검정색상지를 이용하여 할로윈 분위기가 물씬 나
도록 쿠키를 포장해 보세요.

주재료
투명플라스틱용기, 주황색상지, 검정색상지, 흰색 종이, 얇은
검은색 리본, 얇은 금색 줄

1. 투명플라스틱용기의 크기에 맞춰 흰색 원을 그리고, 흰색
원보다 지름이 0.5cm 작은 주황색 원도 하나 더 그린다. 주
황색 원 안에 들어갈 박쥐 모양, 유령 모양을 검정색상지로
오려 준다. 2. 종이를 풀로 붙여 할로윈 장식을 만든 뒤 투명
플라스틱용기의 뚜껑 위에 양면테이프를 이용하여 붙인다.
3. 쿠키와 초콜릿 등을 투명플라스틱용기 안에 채워 준다.
4. 검은색 리본과 금색 줄을 이용하여 플라스틱용기에 리본
을 묶어 장식한다.

할로윈 파티

10월의 마지막날 밤! 아이와 함께 조금은 으스스한 할로윈 파티를 열어 보세요. 할로윈 파티는 역사가 오래된 서양문화이지만, 우리나라에서도 언제부터인가 새로운 파티문화로 자리 잡은 듯해요. 다른 나라의 문화를 알고 즐기는 것도 중요해지는 요즘 아이와 함께 집에서 할로윈 파티를 즐기는 것도 유쾌한 경험이 될 거예요. 엄마가 만든 맛있는 음식과 약간의 할로윈 소품을 준비하고, 아이가 마녀나 요정, 마법사의 옷을 입고 파티를 즐기면, 색다르고 재미있는 코스튬 파티가 될 거예요. 할로윈데이에 어울리는 달콤하고 영양 많은 단호박 디저트를 준비하여 할로윈 파티를 시작해 볼까요?

포장 2 고깔모양 용기

주재료
투명플라스틱용기, 주황색상지, 검정색상지, 흰색 종이, 얇은 검은색 리본, 얇은 금색 줄

할로윈 파티 메뉴
할로윈 쿠키(170쪽), 단호박 피자(177쪽), 단호박 주스(177쪽), 호박 롤리팝(177쪽), 단호박 양갱(173쪽)을 참조하세요.

1. 주황색상지에는 지름 38cm 정도의 원, 검정색상지에는 지름 9cm 정도의 원을 그리고, 검정색상지에는 박쥐와 유령 모양을 그려 가위로 오린다. 2. 주황색 원과 검은색 원을 120° 각도로 3등분해서 오린다. 3. 주황색 고깔을 만들어 양면테이프로 고정하고, 끝에는 검은색 고깔을 만들어 붙이고, 고깔 아랫부분에 양면테이프를 이용하여 레이스를 붙이고, 박쥐와 유령도 붙여 준다. 4. 비닐케이스에 쿠키와 사탕을 담고 검은색 리본과 금색 줄을 이용하여 리본을 묶은 뒤 고깔에 끼워 준다.

아이들을 위한
테이블 셋팅 TIP

할로윈의 기본색상은 주황색과 진한 검은색이
에요. 이 두 가지 색상을 기본으로 해서 꾸미
시고, 호박이나 낙엽을 이용해서 재미있는 테
이블로 꾸며 보세요(테이블의 메인 센터피스
로는 호박 롤리팝이 좋아요. 아이들이 재미있
어 하는 아이템으로 빠질 수 없지요).

할로윈 파티를 위한 idea & menu

10월의 마지막날 맞는 할로윈데이! 서양에서는 할로윈데이의 밤이 되면 마녀나 만화주인공으로 분장한 아이들이 'Trick or Treat'를 외치며 집집마다 돌아다니면서 초콜릿이나 사탕을 얻어 갑니다. 이런 축제를 요즘엔 우리나라에서도 많이 즐기고 있는데, 우리 아이에게도 달콤한 쿠키를 만들어 친구들에게 선물하는 특별 이벤트를 만들어 주세요. 할로윈하면 떠오르는 호박과 유령을 아이싱을 이용하여 쿠키 위에 직접 그려도 보고, 달콤한 단호박으로 할로윈 양갱도 함께 만들면 아이가 설레는 맘으로 할로윈데이를 기다리게 될 거예요.

세팅 idea 1 호박과 낙엽을 이용한 세팅

테이블 위에 호박과 낙엽 장식 아이들이 주어온 예쁜 낙엽과 집에 있는 호박을 테이블 위에 올려서 가을의 분위기를 물씬 느낄 수 있는 할로윈 테이블을 만들어 보세요.

호박 롤리팝 할로윈하면 떠오르는 "잭 오 랜턴"은 아니지만 호박을 이용한 사탕 꽃 장식은 파티의 특별하고 재미있는 아이템입니다.

세팅 idea 2 할로윈 소품을 이용한 세팅

할로윈 가렌드와 조명 할로윈 가렌드를 천장이나 벽에 매달아 집안 공간을 할로윈 파티장으로 만들어 보세요. 테이블 위에 올릴 수 있는 작은 호박 모양의 할로윈 조명은 테이블의 포인트가 됩니다.

할로윈 종이접시와 할로윈 컵 할로윈 파티를 간편하고 스타일리시 하게 준비할 수 있는 아이템이에요.

아이들이 직접 그린 할로윈 그림 특별한 할로윈 소품이 없다면 아이들이 직접 그린 할로윈 호박이 할로윈의 분위기를 만들어 줄 수 있어요.

menu A. 단호박 피자

단호박은 껍질에 영양이 풍부해요. 식욕을 돋우는 시각적인 효과를 위해서 단호박을 깨끗이 씻은 후에 껍질째 요리해 주세요.

주재료
토르티야, 단호박 1/4개, 모차렐라치즈 1컵, 슬라이스 아몬드 2큰술, 설탕 1큰술, 시나몬가루 1작은술, 파마산치즈가루 1큰술, 소금 약간

만들기
① 단호박을 0.3~4cm 두께로 얇게 자른 뒤 끓는 물에 소금을 약간 넣고 5분 정도 데친다.
② 데친 단호박의 물기를 빼고, 설탕과 시나몬가루를 뿌려 섞어 준다.
③ 토르티야에 모차렐라치즈를 얹고 데친 단호박과 아몬드를 올린 뒤 210℃로 예열된 오븐에서 10~15분 정도 구워 준다.
④ 구운 피자 위에 파마산치즈가루를 뿌려주면 완성!

menu B. 단호박 주스

단호박의 비타민과 무기질은 우유와 함께 먹으면 궁합이 잘 맞아서 성장기 어린이에게 더욱 좋습니다.

주재료
단호박 1/4개, 우유 2컵, 꿀 2큰술

만들기
① 단호박은 껍질을 벗겨 자른 뒤 찜통에 찐다(단호박을 내열용기에 넣고 랩을 씌워 전자레인지에 3분 정도 익혀도 되요.).
② 익힌 단호박은 냉장고에 넣어 식혀 준다.
③ 믹서에 식힌 단호박과 우유, 꿀을 넣어 갈면 완성(단호박에 들어 있는 비타민과 무기질은 우유와 함께 먹으면 궁합이 잘 맞아 성장기 어린이에게 더욱 좋아요.)

menu C. 호박 롤리팝

호박 롤리팝은 할로윈 테이블 위에 센터피스로 사용할 수 있고, 아이들이 재미있게 먹는 즐거움도 느낄 수 있어요.

주재료
호박, 막대사탕, 양면테이프, 송곳, 검정색상지

만들기
① 호박 롤리팝을 만드는 데 필요한 재료를 준비한다.
② 검정색상지를 이용하여 박쥐 모양을 오려서 준비한다.
③ 호박에 세로로 길게 양면테이프를 붙이고 사탕을 꽂을 자리를 송곳으로 구멍내 준다.
④ 테이프를 떼어내고, 구멍 낸 자리에 사탕을 꽂는다.
⑤ 오려 놓은 박쥐 모양을 붙여서 장식하면 완성!

PART 4. Winter
가슴 따뜻한 겨울!

12월이 시작되면 아이는 벌써부터 크리스마스를 기다리기 시작해요.
올해에는 맛있는 음식과 크리스마스 분위기가 물씬 나는 소품을 준비하여
아이와 함께 아기자기하고 따뜻한 크리스마스 홈파티를 계획해 보세요.
긴긴 겨울방학에는 친구들과의 비밀스러운 파자마 파티를 열어 아이에게
친구와의 소중한 시간을 만들어 주면 엄마 마음도 저절로 뿌듯해질 것 같아요.

홈메이드 문어 어묵

씹는 맛이 쫄깃한 문어는 아이 두뇌 발달에 좋은
DHA, EPA 성분이 풍부한 식재료예요.
식품첨가물이 전혀 들어 있지 않은 홈메이드 문어 어묵으로
엄마의 사랑을 전해 보세요.

얌선생 Tip

● 문어를 한 마리 통째로 구입했을 때는 끓는
   물에 데친 후 볶음밥이나 샐러드 등 용도에
   따라 문어를 나눠서 냉동 보관하면 좋아요.

● 문어 어묵을 예쁜 색의 작은 볼에 담고, 먹
   기좋게 꼬치를 꽂으면 아기자기해서 아이들
   이 좋아해요.

재료 준비하기

주재료

문어 100g, 냉동 흰생선살 300g, 청피망 1/4개, 당근 1/4개, 양파 1/4개, 계란 1개, 녹말가루 3큰술, 밀가루 2큰술, 청주 1큰술, 소금 1/2작은술, 후춧가루 약간, 튀김용 식용유 2컵

20~40분 정도 삶아서 문어를 준비해 주세요.

1 냉동 흰생선살은 청주 1큰술을 넣은 물에 담가 해동한다.

2 해동한 흰생선살의 물기를 제거하고 곱게 간다.

3 데친 문어를 쫄깃하게 씹을 수 있도록 채소보다 굵게 다진다.

4 청피망, 당근, 양파를 곱게 다진다.

5 갈아 놓은 흰생선살, 문어, 채소, 계란, 녹말가루, 밀가루, 소금, 후춧가루를 넣어 끈기가 생길 때까지 치댄다.

6 반죽을 냉장고에서 2시간 숙성시킨 뒤 160℃로 가열된 식용유에서 노릇하게 튀긴다.

영양 식재료

문어에는 타우린이 풍부하여 시력 향상 및 감퇴를 예방해 주고, 인슐린 분비를 촉진시켜 당뇨병 예방에도 좋아요. 특히, DHA, EPA 성분이 풍부하여 기억력을 향상시켜 학습 능력을 높여 준답니다. 문어를 고를 때는 다리의 빨판이 크고 탱탱한 것이 좋아요. 암컷보다 수컷의 살이 더 부드럽고 맛있는데, 수컷은 다리에 붙어 있는 빨판의 크기가 일정하게 배열되어 있어요. 문어에 점액이 남아 있고, 쭈글쭈글하면서 탄력이 없다면 신선하지 않은 것이에요.

시금치 비빔밥

아이용 비빔밥을 만들 때는 아이 입 크기를 고려해서 채소도 작게 썰고,
고기는 잘게 다져서 볶고, 계란도 스크램블에그해서 주면 좋아요.
노지시금치는 겨울이 제철인 채소로 단맛과 씹는 맛이 좋아 겨울철 비빔밥의 주인공이에요.

얌선생 Tip

● 시금치는 오래 데치면 비타민 C가 파괴되므
  로 소금을 넣은 끓는 물에 뚜껑을 열고 짧게
  데쳐야 해요.

● 집에 있는 스프볼이나 조금 큰 커피잔 등 다
  양한 그릇을 활용하면, 요리하고 셋팅하는
  재미를 더할 수 있어요.

재료 준비하기

주재료
시금치 1줌, 쇠고기(불고기용) 100g, 밥 2공기, 계란 2개, 참기름 1작은술, 통깨 1작은술, 소금 1½작은술, 물 3컵

쇠고기(불고기용)양념재료
간장 1큰술, 꿀 1큰술, 참기름 1/2큰술, 마늘 1작은술, 후춧가루 약간

양념장재료
고추장 2큰술, 매실액 1큰술, 올리고당 1큰술, 참기름 1큰술

1 시금치는 다듬어 끓는 소금물(물 3컵+소금 1작은술)에 데쳐 찬물에 헹군 뒤 물기를 뺀다.

2 데친 시금치를 2cm 크기로 작게 잘라 소금 1/2작은술, 참기름, 통깨를 넣어 무친다.

3 쇠고기는 가늘게 채썰거나 다져 불고기 양념재료를 넣고 볶는다.

4 계란을 2개 풀어서 스크램블에그를 만든다.

계란을 체에 거르고 프라이팬에 식용유를 두른 뒤 약~중불에서 스크램블에그를 만들어 주세요.

5 양념장재료의 분량대로 섞어 비빔밥 양념을 만든다.

6 그릇에 밥을 담고 시금치, 불고기, 스크램블에그를 올린 후 통깨를 뿌려 준다.

영양 식재료

시금치는 철분과 엽산, 칼슘, 비타민 등이 고루 들어 있어 성장기 어린이에게 좋은 식재료예요. 아기 이유식은 물론 성장기 어린이에게 꼭 필요한 겨울철 채소랍니다. 시금치는 겨울 해풍을 맞고 노지에서 자란 시금치가 가장 맛이 좋아요. 시금치는 잎에 윤기가 흐르면서 짙은 녹색을 띠고, 잎의 길이는 짧고 통통한 것이 맛이 좋아요. 겨울철 건강 식재료인 시금치로 아이에게 시금치 스파게티나 시금치 샐러드 등 다양한 요리를 만들어 주세요.

낙지 수제비

수제비나 칼국수는 제철 식재료를 이용하면 계절에 따라 다양한 맛을 낼 수 있어요.
겨울철에는 마음까지 따뜻해지는 별미 수제비에 싱싱한 낙지를 넣어 만들어 보세요.

양선생 Tip
● 멸치다시마육수 자체에 간이 되어 있어 소금은 약간만 넣어도 되요.
● 아이들이 먹기 좋게 작은 그릇에 담아내고, 나무숟가락을 사용하면 따뜻한 분위기를 연출해 내기에도 좋아요.

재료 준비하기

주재료
낙지 1마리, 시판용 감자 수제비 2인분(300g), 애호박 1/4개, 감자 1개, 양파 1/4개, 대파 1/4개, 다진 마늘 1/2큰술, 소금 약간, 후춧가루 약간, 다시마 한줌, 국물멸치 10마리, 물 4컵

시판용 수제비를 준비해 놓으면 바쁠 때 간단하고 빠르게 만들 수 있어요.

1 물 4컵에 다시마, 멸치를 넣어 10분 정도 끓여 불을 끄고 5분 뒤 건져낸다.

2 감자 수제비를 찬물에 씻어 준다.

3 낙지는 소금을 넣어 문질러서 깨끗이 씻은 뒤 3~4cm 크기로 자른다.

4 애호박, 감자, 양파를 얇게 썬다.

5 끓는 육수에 감자 수제비, 감자, 애호박, 양파를 넣어 끓인다.

낙지는 마지막에 넣어 살짝만 익혀 주세요.

6 수제비와 채소가 익으면 낙지를 넣고 대파, 마늘, 소금, 후춧가루로 간을 한다.

영양 식재료

초겨울에 먹는 **낙지**는 씹을수록 바다 향과 고소한 감칠맛이 나는 보양 식재료예요. 원기 회복에 좋은 필수 아미노산이 풍부하여 아이 보양 음식으로도 제격입니다. 쓰러진 소에게 낙지를 먹이면 벌떡 일어난다는 이야기가 있을 정도로 영양이 풍부한 해산물입니다. 쫄깃쫄깃하면서도 부드러운 식감의 낙지는 오래 익히지 말고 살짝만 익혀 먹어요.

간장 소스 황태구이

황태는 단백질과 미네랄이 풍부해 명태 중에서도 최상급으로 대접받는답니다.
황태를 노릇하게 구워 간장으로 양념하여 구워 주면
아이들은 불고기보다 더 맛있다며 잘 먹어요.
이렇듯 황태구이는 겨울철 별미랍니다.

얌선생 Tip

● 황태는 유장을 발라 노릇하게 한 번 굽고, 마지막에 양념장을 발라 타지 않게 구워 주세요.

● 진한 색상의 요리는 일반적으로 밝은 색 접시가 깨끗해 보여 좋으나, 가을, 겨울에는 따뜻한 색의 접시를 사용해 보는 것도 좋아요.

재료 준비하기

주재료
황태 1마리, 전분가루 1큰술, 호두 5조각(다진 호두가루 1큰술), 식용유 약간

유장재료
참기름 1큰술, 간장 1/2큰술, 설탕 1작은술

양념장재료
간장 1큰술, 꿀 1큰술, 설탕 1작은술, 참기름 1작은술, 깨 1작은술, 다진 파 1큰술, 후춧가루 약간

1 황태는 깨끗이 씻어 물에 10분 정도 불린다.

2 2~3cm 크기로 잘라 유장(참기름, 간장, 설탕)을 만들어 발라 준다.

고운 체를 이용하여 황태에 전분가루를 얇게 묻혀 주세요.

3 유장을 바르고 10분 정도 뒤에 전분가루를 묻힌다.

4 양념장을 재료의 분량대로 섞어 만든다.

5 프라이팬에 식용유를 두르고, 유장을 바른 황태를 노릇하게 굽는다.

먹기 전에 다진 호두가루를 뿌려 주세요.

6 노릇하게 구운 황태에 양념장을 발라 타지 않게 굽는다.

명태는 12월에서 이듬해 4월까지가 산란기로, 이 때 알이 꽉 찬 명태를 맛볼 수 있어요. 명태를 말린 정도에 따라 생태, 동태, 황태, 코다리 등으로 나뉘는데, 겨울에 잡은 명태를 덕장에서 말려 정성스럽게 말린 것 중 최상급으로 치는 것이 바로 황태예요. 명태가 황태로 변하는 과정에서 단백질이 두 배 이상 증가하고 미네랄도 더 풍부해진다고 해요. 겨울철엔 따뜻한 황태국과 황태구이가 아이의 영양 보충과 건강에 도움이 될 것 같아요.

코코넛 쉬림프

코코넛향 특유의 크림향이 나는 바삭하고 고소한 새우튀김이에요.
빵가루만 입혀서 튀긴 새우튀김도 고소하고 맛있지만,
아이에게 코코넛 같은 새로운 식재료의 맛과 향도 알게 해주세요.

얌선생 Tip

● 코코넛 채는 베이킹 재료를 판매하는 곳에
서 쉽게 구입할 수 있어요.

● 일반 접시 대신 아담한 크기의 스탠드 접시
를 활용하여 음식을 담아내면 단조로운 테
이블에도 변화를 줄 수 있고, 공간 활용에도
좋답니다.

주재료
대하 10마리, 코코넛 채 1컵, 계란 2개, 빵가루 1/2컵,
전분가루 2큰술, 소금 약간, 후춧가루 약간, 튀김용
식용유 2컵

소스재료
다진 양파 1큰술, 마요네즈 3큰술, 꿀 1작은술,
홀그레인 머스터드 1작은술

1 새우는 꼬리 한 마디만 남기고 껍질을 제거한
뒤 이쑤시개로 등쪽 내장을 제거한다.

2 새우 등쪽에 길게 칼집을 낸 뒤 소금, 후춧가루
로 밑간을 한다.

3 코코넛 채와 빵가루를 섞고, 계란을 풀어서 준
비한다.

홀그레인 머스터드의 비율을
늘려도 되요.

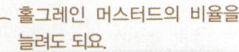

4 새우에 전분가루, 계란, 코코넛 채(빵가루) 순
서로 묻힌다.

5 170℃로 가열된 식용유에 노릇하게 튀긴다.

6 소스재료의 분량대로 섞어 새우튀김 소스를
만든다.

영양
식재료

추운 겨울이 되면 아이는 집에서 보내는 시간이 많아져요. 코코넛 채를
넣은 새우튀김이나 쿠키로 겨울철 영양 간식을 만들어 보세요. 우리가
알고 있는 **코코넛**은 야자나무의 '씨앗'이에요. 모든 식물의 씨앗에는
영양소가 풍부해요. 코코넛 과육에는 비타민과 식이섬유가 많고, 코코
넛 오일에는 라우르산이 풍부하여 면역력을 기르는 데 좋다고 합니다.

브로콜리 치즈 스프

고소하고 든든한 브로콜리 치즈 스프는 겨울철 아이의 영양 간식이에요.
바쁜 아침 시간, 따뜻한 스프 한 그릇이면 하루를 고소하고 행복하게 시작할 수 있어요.

얌선생 Tip

● 브로콜리는 미리 데쳐서 사용해야 초록색의
색감이 살고, 냄새가 나지 않아요.

● 뚜껑이 있는 예쁜 볼에 담으면 아이가 좋아
해요. 이왕이면 초록색이 돋보이는 빨간색
볼이 더 좋아요.

재료 준비하기

주재료
브로콜리 1/2개, 양파 1/4개, 감자 1개, 버터 1큰술,
생크림 1컵, 우유 1컵, 치즈 2~3큰술(체다치즈,
파마산치즈), 소금 약간, 후춧가루 약간, 물 5컵

1 브로콜리는 끓는 소금물(물 3컵+소금 1/2큰술)
에 데쳐서 준비한다.

2 양파, 감자, 데친 브로콜리를 적당한 크기로
썬다.

3 냄비에 버터를 녹인 뒤 감자와 양파를 노릇하
게 볶는다.

집에 있는 아무 치즈나 넣어도 되요

4 3의 냄비에 물 2컵을 넣고 끓기 시작하면 브로
콜리를 넣어 잠시 끓인다.

5 4를 식혀서 믹서에 곱게 간다.

6 곱게 갈은 5의 재료에 생크림, 우유, 치즈, 소
금, 후춧가루를 넣어 농도를 맞추고 약불에서
3분 정도 끓인다.

브로콜리는 엽록소가 풍부하여 세포의 돌연변이를 막고 암을 예방해
줘요. 채소 중에서 단백질이 가장 우수하고, 익혀 먹었을 때 그 효능이
배가 되는 브로콜리를 고를 때는 녹색이 진하고 송이가 작고 단단한
것으로 선택하세요.

치킨 퀘사디아

퀘사디아는 밀가루 또르띠아 안에 여러 가지 재료를 넣어 만드는 멕시코 전통 요리예요.
패밀리레스토랑의 단골 메뉴로, 또르띠아만 있으면 집에서도 간단하게 퀘사디아를 만들 수 있어요.
아이와 함께 퀘사디아를 만들면서 즐거운 요리 시간을 보낼 수 있을 것 같아요.

얌선생 Tip

● 속 재료는 센불에서 한 번 볶은 뒤 또르띠아
  안에 넣어도 좋아요.
● 퀘사디아를 나무도마와 같이 자연 느낌의
  접시를 사용하여 색다른 분위기를 내보는
  것도 좋아요.

재료 준비하기

주재료
닭가슴살 1쪽(100g), 청피망 1/4개, 양파 1/4개,
빨강 파프리카 1/4개, 체다치즈 채썬 것 2/3컵,
모차렐라치즈 2/3컵, 또르띠아 2장, 식용유 약간

닭가슴살을 덩어리째 넣으면
삶는 시간이 오래 걸려요.

1 닭가슴살은 4등분으로 잘라서 삶는다.

2 닭가슴살은 결대로 찢어 준다.

3 청피망, 빨강 파프리카, 양파는 작은 네모 크기로 썰어 준다.

4 프라이팬에 식용유를 살짝 둘러 또르띠아를 한 장 깐 뒤 닭가슴살, 청피망, 빨강 파프리카, 양파, 치즈를 또르띠아의 절반 부분에만 올려 준다.

쿼사디아 안에 두세 가지 정도의 치즈를 섞어 듬뿍 넣으면 맛있어요.

5 또르띠아를 반으로 접고 약불에서 치즈가 녹을 때까지 앞뒤로 구워 준다.

영양
식재료

닭가슴살은 우리 몸에 필요한 필수 아미노산이 모두 함유되어 있는 대표적인 저지방 고단백 식품이에요. 운동이나 다이어트를 할 때도 많은 도움이 되는 식품으로, 먹을 때 식감이 퍼퍼한 느낌이 있지만 소화가 잘되는 식품이에요. 닭가슴살의 아미노산은 뇌신경전달물질의 활동을 활발하게 해서 두뇌 발달에도 탁월한 효능이 있어서 아이들이나 몸이 약한 분에게 도움이 되는 식품이에요.

당근 도넛

도넛 속에 당근이 듬뿍 숨어 있는 당근 도넛이에요.
시판용 핫케이크 믹스에 생당근을 듬뿍 갈아 넣어 조금은 안심이 되는 엄마표 영양 간식이에요.

얌선생 Tip

● 버터는 실온에 꺼낸 뒤 말랑하고 부드러운 상
태에서 설탕과 계란을 섞어 주세요.

● 색상이나 모양이 예쁜 그릇은 테이블 위에 그
대로 놓기만 해도 분위기가 살아요. 단순한 모
양의 요리에 모양이 있는 그릇을 사용하면 보
기에도 좋아요.

재료 준비하기

주재료
당근 1개, 핫케이크가루 2컵, 계란 1개, 황설탕 3큰술,
버터 1큰술, 장식용 슈가파우더 약간

반죽이 질면 핫케이크가루를
넣어 조절해 주세요.

1 당근 1개를 곱게 강판에 간다.

2 실온에 꺼내 녹인 버터에 설탕, 계란을 섞어
준다.

3 2에 당근 간 것과 핫케이크가루를 넣어 반죽
한다.

4 밀대로 반죽을 밀어 도넛 모양으로 찍어 준다.

5 170℃로 예열된 오븐에서 15분 정도 구워 준다.

6 완성된 도넛은 장식용 슈가파우더를 뿌려 마
무리한다.

당근(Carrot)은 카로틴(Carotene)에서 유래했을 정도로 카로틴 함량이 아주 높고, 비타민
B·C, 철분, 칼슘, 인, 식이섬유 등이 풍부한 현대인에게 꼭 필요한 슈퍼 푸드예요. 카로틴
은 몸에 들어오면 비타민 A로 변해 항산화 효과를 내는데, 주로 껍질 부위에 몰려 있으니
깨끗이 씻어 껍질째 먹는 것이 좋아요. 식초와 요리하면 카로틴이 파괴되므로, 피클보다
는 살짝 데치거나 볶아서 사용해 주세요. 머리 쪽이 푸른 것은 쓴맛이 나고, 너무 큰 것은
섬유질이 억세니 적당한 크기의 모양이 예쁜 당근으로 고르세요.

과일 프렌치 토스트

바게트 빵을 이용한 부드럽고 쫄깃하면서도 달콤한 토스트예요.
우유 대신 플레인 요구르트를 이용하고,
딸기와 냉동베리를 올려 더욱 달콤하고 상큼한 디저트를 만들어 보세요.

얌선생 Tip

● 프렌치 토스트나 팬케익 위에 올리는 과일은 딸기,
 바나나, 블루베리, 무화과 같은 딱딱하지 않고, 달콤
 한 맛의 제철 과일을 사용하세요.

● 요리의 식감을 살려 주기 위해 어두운 그릇을 사용
 하는게 좋아요. 어두운 그릇은 슈가파우더를 눈처럼
 보이게도 하고 빨간 딸기가 크리스마스 분위기를 내
 주기도 해서 아이들이 좋아해요.

재료 준비하기

주재료

바게트 자른 것 6~7조각, 플레인 요구르트 1/2개, 계란 2개, 딸기와 냉동베리 1컵, 꿀 1큰술, 시나몬가루 1/2작은술, 장식용 슈가파우더 약간, 버터 약간

1 계란 2개를 풀어서 준비한다.

2 계란에 요구르트, 꿀, 시나몬가루를 섞는다.

3 2cm 두께로 썬 바게트 빵을 준비한다.

4 그릴팬에 버터를 약간 바른 뒤 계란물에 바게트를 충분히 적셔서 굽는다.

5 접시에 토스트와 과일을 담은 뒤 장식용 슈가파우더를 뿌린다.

고운 체를 이용하여 슈가파우더(데코스노우)를 뿌려 주세요. 좀 더 달콤한 맛을 원하면 시럽을 약간 뿌려도 좋아요. 데코스노우는 일반 슈가파우더보다 잘 녹지 않아 케이크이나 빵을 장식할 때 사용하면 더 좋아요.

12월쯤부터 맛볼 수 있는 **딸기**는 비타민 C의 여왕으로 아이부터 어른까지 누구나 사랑하는 과일이에요. 딸기에는 섬유질과 팩틴이 많아 장운동을 촉진하고 변비를 예방하며, 스트레스에 대항하는 호르몬 분비를 촉진하는 물질이 들어 있다고 해요. 딸기는 그대로 먹어도 좋지만 우유나 요구르트, 생크림, 치즈 등 유제품과 함께 먹으면 부족한 영양분을 보충할 수 있어 아이에게 더욱 좋아요.

크리스마스 파티를 위한 딸기 바나나 푸딩!

크리스마스 파티에 어울리는 달콤한 디저트로 딸기 바나나 푸딩을 만들어 보세요.
입 안에 넣으면 부드럽고 탱탱한 식감의 푸딩과 상큼하게 씹히는 과일맛이 일품이에요.
냉장고에 넣어두었다 기분 전환이 필요할 때 디저트로 먹기에 제격이랍니다.

얌선생 Tip

● 판 젤라틴은 물에 불리면 팽창하면서 굳는 성
질이 있어 젤리나 푸딩, 무스 등 디저트를 만
들 때 사용해요.

● 푸딩을 만들 때 사용하는 투명플라스틱컵이나
유리병은 여러 번 재활용할 수 있어 아이 디저
트를 만들 때 유용해요.

바나나는 면역력을 높여주는 효능
이 있는 사계절 즐겨 먹는 과일이
에요. 바나나의 칼륨은 나트륨이 체
내에서 배출되는 것을 도와줘요. 또
한 다량의 비타민이 들어 있어서
피부에도 좋은 건강식품이에요. 특
히 바나나에는 해열 작용이 있어서
아이가 열이 나고 아플 때 먹이면
열을 내려 주고 포만감도 줄 수 있
어서 좋아요.

재료 준비하기

주재료
딸기 6~8개, 바나나 1개, 바나나우유 2개(500~600ml), 계란노른자 1개, 판 젤라틴 3장, 레몬즙 2큰술, 꿀 1큰술,
민트잎 약간

젤라틴은 물에 완전히 풀어지지
않게 10분 정도만 불려 주세요.

1 젤라틴은 찬물에 담가
말랑해질 때까지 불린다.

2 냄비에 준비한 바나나우유를 붓고
미지근하게 데운다.

3 2에 계란노른자를 넣어 골고루 섞어
준다.

4 3에 레몬즙과 꿀을 넣어 섞은 뒤 식혀 준다.

5 찬물에 말랑하게 불린 젤라틴을 4에 넣어 녹을 때까지 저어 준다.

6 바나나와 딸기를 0.5cm 정도 두께로 잘라 준비한다.

7 투명하게 보이는 컵에 딸기와 바나나 자른 것을 4~5조각씩 넣어 준다.

8 5에서 만든 푸딩 반죽을 7의 컵에 부어 준다.

9 푸딩 반죽을 부은 컵을 냉장고에 넣어 2~3시간 정도 굳힌다.

10 굳어서 찰랑거리는 푸딩을 꺼낸 뒤 민트 잎을 올려 장식하면 완성!

크리스마스 리스(Wreath) 만들기

집에서 크리스마스의 기분을 느끼고 싶을 때 주로 사용하는 장식품이 바로 크리스마스 리스입니다. 크리스마스와 가장 잘 어울릴 뿐만 아니라 밋밋한 벽을 화사하게 바꿔 준답니다. 값 비싸고 화려한 오너먼트가 달려 있는 리스를 따로 구입할 필요 없이 자연스럽고 따뜻한 느낌의 리스를 직접 만들어 장식해 보세요. 공간을 크게 차지하지 않으면서 크리스마스 분위기를 연출할 수 있어요.

재료구입 Tip

크리스마스 리스를 만드는 재료는 크리스마스 시즌이 되면 경부선 강남고속버스터미널 3층에서 구입할 수 있어요. 리스틀의 크기와 종류에 따라 1,000~5,000원 정도의 가격에 구입할 수 있습니다. 물론 다양한 크리스마스 소품도 구입할 수 있답니다.

주재료
리스틀, 향나무조화, 빨강 열매조화, 부직포 크리스마스 오너먼트, 솔방울, 글루건

1 리스틀의 왼쪽 아랫부분에 향나무조화를 자연스럽게 글루건으로 붙여 준다.

2 솔방울 3개를 글루건으로 위, 아래, 오른쪽 중심에 붙인다.

3 부직포로 된 오너먼트를 자연스럽게 붙여 완성한다.

크리스마스 양초(Candle) 꾸미기

집 근처에 있는 식물과 크리스마스 장식을 이용하여 평범한 양초를 손쉽게 크리스마스 장식품으로 변신시킬 수 있어요. 아이와 산책할 때 주운 마른 솔방울이나 나뭇잎, 나뭇가지를 이용하여 크리스마스 분위기가 나는 양초를 꾸며 보세요.

주재료
흰색 접시, 초록색 양초, 솔방울, 향나무조화, 빨강 열매조화, 크리스마스 오너먼트, 글루건

1 흰색 접시 가운데 부분에 글루건을 이용하여 양초를 붙인 뒤 그 주위에 다시 향나무조화와 빨간색 열매를 붙인다.

2 1에 솔방울과 크리스마스 장식을 붙여 완성한다.

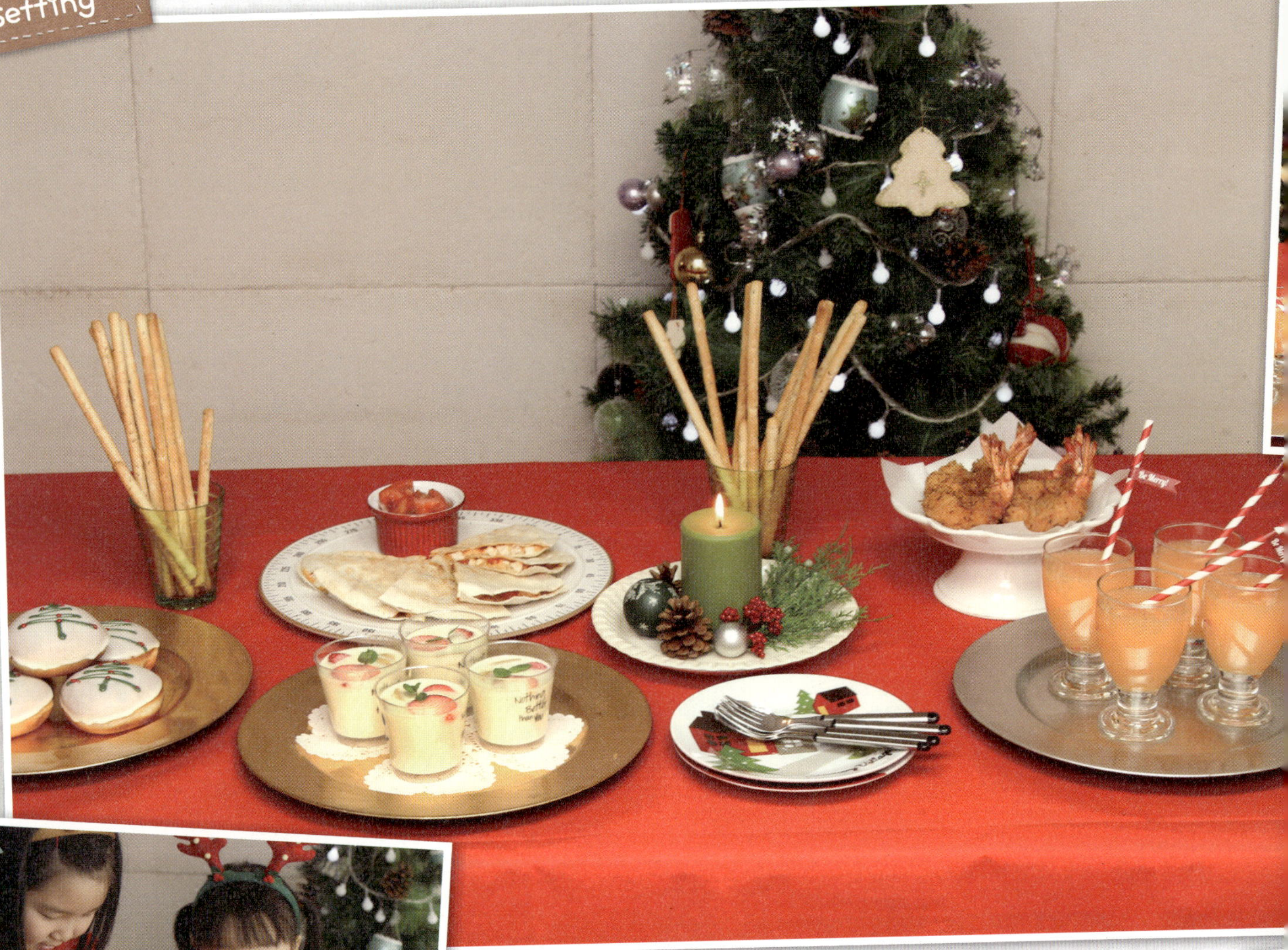

크리스마스 홈파티 테이블 세팅

12월이 시작되면 크리스마스 분위기로 마음이 들뜨기 시작합니다. 매년 맞는 크리스마스지만 더욱 즐겁고 알차게 보내려고 이번 크리스마스는 아이와 함께 가장 편안한 공간인 집에서 즐기는 크리스마스 홈파티를 계획해 보았어요. 크리스마스와 어울리는 캐럴을 준비하여 우리 가족만의 파티 공간에서 아이와 함께 신나는 크리스마스 파티를 만끽해 보세요. 크리스마스 분위기를 한층 더 빛내줄 테이블 세팅과 크리스마스 트리·리스로 아이에게 특별한 추억이 담긴 크리스마스 파티를 만들어 줄 수 있을 거예요.

오늘의 크리스마스 메뉴
딸기 바나나 푸딩(198쪽),
코코넛 쉬림프(188쪽),
치킨 퀘사디아(192쪽),
자몽 주스, 그리시니 과자, 트리 도넛

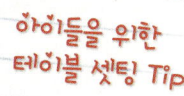

아이들을 위한 테이블 셋팅 Tip

크리스마스를 대표하는 색상으로 빨간색, 초록색, 금색, 은색을 꼽을 수 있지요. 빨간색 계열의 테이블보를 깔고, 초록색의 크리스마스 양초와 금색과 은색의 플레이트를 사용하면 테이블에 포인트를 줄 수 있답니다. 크리스마스 양초로 만든 센터피스에 빨간색 열매와 향나무조화로 장식하여 크리스마스 분위기와 잘 어울리는 센터피스가 되었어요. 크리스마스의 메인 메뉴로 딸기 바나나 푸딩, 코코넛 쉬림프, 치킨 퀘사디아를 만들고 크리스마스 파티에 어울리는 그리시니 과자와 트리 도넛, 자몽 주스를 함께 준비하면 크리스마스 파티 테이블이 완성됩니다.

조랭이떡국

조랭이떡국은 흰떡을 동글동글하게 대나무 칼로 문질러서
눈사람 모양으로 만들어 끓인 쫄깃한 황해도 개성식의 떡국이에요.
눈사람 모양의 떡이라 아이들도 더 좋아하고, 모양도 예쁘게 끓일 수 있어요.

얌선생 Tip

● 다시마와 멸치육수를 진하게 우린 물에 끓이면
  따로 소금 간을 하지 않아도 간이 잘 맞아요.
● 떡국은 밝은 색의 굽이 있는 파스텔 볼에 담고
  진한 색의 고명을 올려 주면 고명이 포인트가
  되어 보기 좋아요.

재료 준비하기

주재료
조랭이떡 2인분(300g), 다진 쇠고기 100g, 다시마 1줌,
멸치 1줌, 쪽파 2개, 물 3컵, 소금 약간, 후춧가루 약간

쇠고기양념재료
간장 1큰술, 꿀 1큰술, 참기름 1/2큰술, 마늘 1작은술,
후춧가루 약간

10분간 약불에서 끓이고, 멸치와
다시마는 5분 뒤에 건져 주세요.

미리 끓는 물에 데쳐 찬물에 헹궈두
면 더 쫄깃해져요.

1 물 3컵에 다시마, 멸치를 넣고 끓여 육수를 만든다.

2 떡은 찬물에 씻어서 준비한다.

3 다진 쇠고기에 양념재료를 넣고 양념한 뒤 프라이팬에 볶는다.

4 육수에 떡을 넣어서 끓인다.

5 떡이 익으면 소금, 후춧가루와 쪽파를 넣고 그릇에 담은 뒤 쇠고기 고명을 올린다.

멸치다시마육수나 쇠고기를 이용하여 끓인 떡국도 좋지만 겨울철 떡국을 끓일 때 추천하는 식재료는 굴이에요. 바다의 우유로 불리는 굴은 향긋하고 탱글탱글한 맛도 일품인 각종 비타민과 타우린이 풍부한 최고의 겨울철 보양식이에요. 굴을 생으로 먹을 때는 레몬과 함께 먹으면 철분의 흡수를 돕고 타우린의 손실을 예방해서 좋다고해요. 굴을 익혀서 먹을 때는 마지막에 넣어 살짝만 익혀 주세요.

단호박 당근 스프

부드럽고 달콤한 노란 빛깔의 단호박 당근 스프는 아이들이 참 좋아하는 스프예요.
단호박 고유의 달콤한 맛에 우유와 생크림을 넣어 고소한 맛을 더한 단호박 당근 스프예요.

얌선생 Tip

- 크루통은 식빵을 네모지게 잘라 올리브오일, 파슬리, 파마산치즈가루, 마늘가루로 버무린 뒤 200℃에서 5분 정도 구우세요.

- 스프를 담을 때는 스프볼이 가장 좋겠지만, 집에 있는 머그컵을 활용해 보면 좋아요. 하나 더! 가을 겨울에는 따뜻한 느낌의 색상을 활용해 보세요.

재료 준비하기

주재료
단호박 1/2통, 당근 1/2개, 양파 1/2개, 버터 2큰술,
우유 2컵, 생크림 1컵, 물 1컵, 소금 1작은술, 크루통
약간, 파슬리 약간

전자레인지에 돌려 겉을 살짝 익힌 뒤
칼로 밖으로·저미듯이 자르면 쉽게
껍질을 벗길 수 있어요.

1 단호박의 껍질을 벗겨 얇게 썰어 준다.

2 당근과 양파를 얇게 썰어 준다.

3 냄비에 버터와 양파를 넣어 볶다가 단호박과 당
근, 물 1컵, 소금 1작은술 넣어 익힌다.

4 3을 식힌 뒤 믹서에 우유 1컵과 함께 넣어 곱
게 간다.

센불에서 끓이면 우유가 순식간에
끓어 넘치니 주의하세요

5 4를 냄비에 넣어 끓이다 나머지 우유 1컵과 생
크림 1컵을 넣고 약불에서 저으면서 3분간 끓
인다.

6 볼에 완성된 스프를 담고 크루통과 파슬리를
약간 올린다.

크루통은 직접 만들어 사용하셔도 좋고,
시판용 크루통을 사용하면 편리해서 좋아요.

단호박은 가을이 제철이지만, 추운 겨울에 스프로 끓여서 먹으면 더 맛
있어요. 단호박에는 칼륨을 비롯한 무기질, 비타민, 섬유질이 풍부하여
성장기 어린이와 허약 체질 아이에게 모두 좋은 채소입니다. 단호박은
씨부터 껍질까지 영양이 풍부해 버릴 게 없는 식재료랍니다.

어린이 깍두기

빨강 파프리카로 예쁘게 색을 낸 어린이 깍두기예요.
어른용 김치는 아이가 먹기에 짜고 매울 수 있으니
아이용 김치는 덜 짜고 덜 매운 레시피로 만들어 주세요.
쉽고 간단한 아이용 깍두기랍니다.

얌선생 Tip

● 아이용 김치는 염도가 낮아 쉽게 변질되니
  그때그때 조금씩 만들어 주세요.
● 깍두기는 뚜껑이 있는 작은 스프볼에 담아
  내면 색다른 분위기를 연출할 수 있어요.

재료 준비하기

주재료
중간 크기의 무 1/2개, 쪽파 2개, 설탕 1큰술, 굵은
소금 1큰술

양념재료
새우젓 1큰술, 빨강 파프리카 1/4개, 양파 1/4개,
다진 마늘 1/2큰술, 다진 생강 1작은술, 소금 약간

무에 소금과 설탕을 넣어 절이면 매운
맛이 빠져 맛있게 절일 수 있어요.

1 무는 깨끗이 씻어 사방 1.5cm 크기로 깍둑썰기
하여 굵은 소금과 설탕에 1시간 정도 절인다.

2 쪽파를 씻어 1cm 정도 길이로 썬다.

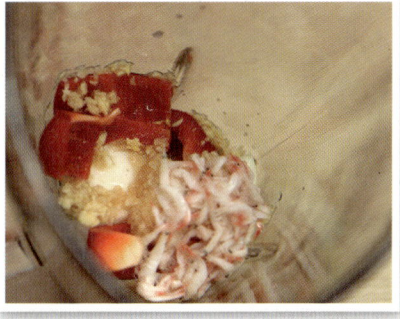

3 깍두기 양념재료를 믹서에 넣어 곱게 간다.

4 절인 무를 찬물에 헹군 뒤 체에 밭여 물기를
뺀다.

하루 정도 실온에서 숙성시킨 뒤
냉장고에 보관하세요.

5 무와 깍두기 양념, 쪽파를 넣어 버무린다.

영양 식재료 겨울철 **무**는 달달하고 아삭한 맛도 일품이지만, 겨울철 건강을 챙겨 주
는 약이 되기도 합니다. 특히, 소화기와 호흡기에 좋은데, 디아스타아
제 성분은 소화를 촉진해 줍니다. 무의 매운맛 성분은 감기 예방에도
도움이 됩니다. 수분과 당도가 높은 겨울 무로 아이의 감기를 예방해
주세요.

연근 튀김

연근을 얇게 썰어 바삭하게 튀기면 연근의 풍미가 살아 있으면서 맛이 고소해요.
독특한 모양과 식감의 연근을 얇게 썰어서 만든 연근 튀김은 자꾸만 손이 가는 음식이에요.

맘선생 Tip

● 반죽을 묽게 만들어 튀김옷을 얇게 입혀 튀기
면 연근이 바삭해져요.

● 튀김 요리를 접시에 담을 때 종이 도일리 페
이퍼를 1~2장 깔고 담으면 기름기 제거에 도
움이 되고 예쁘게 담을 수도 있어서 좋아요.

재료 준비하기

주재료
연근 1개, 녹말가루 1컵, 튀김가루 1컵, 검은깨
1/2큰술, 얼음물 1컵, 식초 2큰술, 소금 약간,
포도씨유 2컵

녹말가루는 최대한 얇게 묻혀 주세요.

1 연근을 동그랗고 얇게 썰어 준다.

2 연근을 식초물에 잠시 담갔다 물에 헹군 뒤 물기를 제거한다.

3 연근에 소금을 약간 뿌리고 녹말가루를 얇게 입힌다.

4 녹말가루 1/2컵, 튀김가루 1/2컵, 검은깨 1큰술, 얼음물 1컵을 넣어 튀김반죽을 만든다.

5 연근에 튀김반죽을 입혀 포도씨유에 바삭하게 튀겨 준다.

계절 식재료

연근은 대표적인 뿌리채소로, 약재로도 사용해요. 성질이 따뜻하고, 피로회복, 불면증, 기침에 좋은 겨울철 식재료랍니다. 연근은 소염 작용도 하여 구내염이 있는 아이에게 연근 달인 물로 5~6회 양치질을 하게 하면 좋고, 설사도 멎게 하고, 피부에도 좋아요. 연근은 양쪽에 마디가 있고, 흠집이 많이 나 있지 않은 것을 고르고, 짧고 굵으며 도톰한 것이 맛이 좋아요. 손질해서 파는 연근 중에는 약품 처리한 것도 있으니 껍질이 있는 통연근을 구입해서 사용하세요.

콩탕

콩은 단백질과 칼슘이 풍부한 건강식품이에요.
밭에서 나는 쇠고기인 콩으로 따뜻하고
부드러운 콩탕을 끓여서 아이의 단백질을 보충해 주세요.

얌선생 Tip

● 콩은 전날 밤에 씻어서 물에 담가 불려 주세요. 다음날 바로 조리하기 편해요.

● 화이트 컬러의 음식은 어두운 색조의 그릇에 담으면 심심해 보이지 않고 음식이 돋보여서 좋아요.

재료 준비하기

주재료
대두 1컵, 돼지고기 목살 100g, 쪽파 2개, 다시마 1줌,
국물멸치 10마리, 새우젓 1/2큰술, 들기름 1큰술,
소금 약간, 물 4컵

1 대두를 5시간 이상 충분히 불린 뒤 중불에서
30분 정도 삶는다.

2 물 4컵에 다시마·멸치를 넣어 10분 정도 끓여
불을 끄고 5분뒤 건져낸다.

3 삶은 콩에 2의 육수 2컵을 넣어 곱게 간다.

4 돼지고기 목살을 채썰어 준비하고, 쪽파를
1cm 길이로 자른다.

콩탕의 농도는 육수로 조절해 주세요.

5 냄비에 들기름 1큰술을 넣고, 돼지고기를 볶다
갈은 콩을 넣어 저어가며 끓인다.

6 한소끔 끓인 뒤 새우젓으로 간을 하고, 잘게 썬
쪽파를 넣는다.

흰콩이라고 부르는 백태(메주콩)는 된장의 원료인 메주를 만드는 데 사용하는 콩이에
요. 단백질 함량이 높고 레시틴, 사포닌, 이소플라본 등이 많아 항암 작용을 하는 콩은
몸에 알맞게 적당한 양을 꾸준히 섭취하는 것이 좋아요. 콩에는 식물성 에스트로겐
성분이 함유되어 있어 일정량 이상을 먹으면 성조숙증을 유발할 수 있어 여자아이는
하루 40mg(콩 한 알에 1mg 정도)이 넘지 않게 이소플라본을 섭취하는 것이 좋아요.

우엉잡채

우엉 같은 뿌리채소를 먹으면 기억력과 집중력을 높이는 데 도움이 된다고 해요.
우엉을 주재료로 만든 우엉잡채로 아이에게 브레인 밥상을 차려 주세요.

얌선생 Tip

● 우엉을 최대한 얇게 채썰어 기름에 볶으면 단
맛이 살아나요.
● 손잡이가 있는 원색의 스톤웨어 볼에 음식을 담
으면 식탁을 화사하게 하고 그릇의 안쪽에는 밝
은 색으로 되어 있어서 진한 색감의 우엉잡채를
담아도 음식이 돋보이게 연출할 수 있어요.

주재료
우엉 100g, 당면 1줌, 양파 1/4개, 빨강 파프리카 1/4개, 쪽파 3개,
소금 약간

우엉조림양념재료
포도씨유 1큰술, 간장 1/2큰술, 올리고당 1큰술, 설탕 1작은술

잡채양념재료
간장 1큰술, 참기름 1큰술, 올리고당 2큰술, 다진 마늘 1작은술,
설탕 1작은술, 통깨 약간

세 가지를 비슷한 길이로
채썰어 주세요.

1 우엉은 껍질을 벗긴 뒤 최대한 얇게 채썰어 물에 헹구고 물기를 뺀다.

2 프라이팬에 포도씨유를 1큰술 두른 뒤 센불에서 우엉 채를 볶다 우엉조림양념재료를 넣고 약불에서 조린다.

3 빨강 파프리카, 양파, 쪽파를 채썰어 준비한다.

4 당면을 삶은 뒤 찬물에 헹구고 물기를 빼준다.

5 프라이팬에 빨강 파프리카, 양파, 쪽파, 소금을 약간 넣고 센불에서 살짝 볶아 준다.

6 5에 삶은 당면, 조린 우엉, 잡채양념재료를 넣어 볶아 준다.

우엉은 알카리성 식품으로 뿌리채소 중에서 가장 많은 식이섬유를 함유하고 있어 변비에도 좋고, 철분, 칼륨, 마그네슘, 아연 등 무기질 함유량도 높은 식품이에요. 요즘엔 국내산보다 수입산이 더 많은데, 국산 우엉을 고를 때는 표면에 흙이 많이 묻어 있고 껍질이 얇은 것을 고르면 됩니다.

조개찜

싱싱하고 맛있는 조개로 간단하게 조리할 수 있는 요리예요.
약간의 청주와 버터로 바지락의 시원한 맛과 감칠맛을 느낄 수 있어요.

얌선생 Tip

● 조개는 기본적으로 짠맛이 나므로 버터는
  무염 버터로 넣어 주세요.
● 국물이 자작하게 있는 조개찜은 약간 깊이
  가 있는 접시를 사용하면 좋아요.

재료 준비하기

주재료
바지락 1봉지(200g), 다진 마늘 1작은술, 버터 1
작은술, 청주 1큰술, 쪽파 2개, 올리브유 1큰술,
후춧가루 약간

1 바지락은 해감한 뒤 소금물에 씻어서 준비한다.

2 쪽파는 잘게 썰어서 준비한다.

3 달군 프라이팬에 올리브유 1큰술을 두른 뒤 다
진 마늘을 넣어 볶아 준다.

센불에서 바지락을 익혀야 감칠맛이 살아나요.

4 3에 바지락과 청주를 넣어 바지락을 익힌다.

5 바지락이 입을 벌리면 버터와 후춧가루, 쪽파
를 넣어 섞어 준다.

바지락은 2~4월이 제철로, 맛이 시원하여 우리나라 사람들이 가장 즐겨
먹는 조개예요. 특별한 양념 없이 간단한 조리만으로도 감칠맛이 나는 바
지락에는 필수 아미노산이 들어 있어 간 기능을 강화하고, 빈혈 예방과 식
욕 증진에 좋은 식재료예요. 바지락은 우엉과 함께 먹으면 안돼요. 우엉에
든 섬유질이 바지락의 철분 흡수를 방해하기 때문이에요.

검은깨 두부과자

바삭하고 고소한 두부과자는 시중에서 판매하는 과자보다는 덜 자극적이에요.
합성첨가물이 없어 엄마의 사랑과 정성이 듬뿍 들어간 영양 만점 과자예요.

얌선생 Tip

● 검은깨 두부과자를 스틱 모양으로 만들어서
구워도 되고, 반죽을 밀대로 밀어 아이가 좋
아하는 모양 틀에 찍어서 구워도 좋아요.

● 무늬가 들어간 종이 냅킨이나 기름종이는 샌
드위치를 감싸거나 아이의 과자를 줄 때 그릇
대신 사용하면 좋아요.

재료 준비하기

주재료
두부 반 모, 검은깨 3큰술, 참깨 1큰술, 박력분 2컵,
베이킹파우더 1/2작은술, 소금 1작은술, 계란 1개,
설탕 2큰술

설탕이 녹을 때까지 저어 주세요.

1 두부를 칼로 곱게 으깬다.

2 박력분, 베이킹파우더, 소금을 체에 내려 준비한다.

3 계란과 설탕을 섞어 준다.

4 3에 으깬 두부, 박력분, 검은깨, 참깨를 섞어 반죽한다.

5 반죽을 랩으로 싼 뒤 냉장고에 30분간 넣어 둔다.

6 스틱 모양으로 만들어 200℃로 예열된 오븐에서 15분 정도 구워 준다.

검은깨는 블랙 푸드의 대명사로 항산화 작용이 뛰어난 음식이에요. 보통 음식 위에 장식할 때 많이 쓰는 검은깨지만, 칼슘과 철분이 많아 특히 어린이에게 필요한 식재료예요. 검은깨를 아이에게 맛있게 먹일 수 있는 방법은 우유와 함께 갈아 주거나 검은깨와 두부를 활용한 두부과자로 만들어 주세요.

레몬 꿀차

레몬에 설탕과 꿀을 섞은 레몬절임을 만들어 두면
음료나 샐러드드레싱 등 요리에 활용하기에 좋아요.
여름엔 탄산수를 부어 시원한 레몬에이드로 더위를 날리고,
겨울엔 맛있고 따뜻한 레몬 꿀차로
아이의 감기를 예방해 주세요.

얌선생 Tip

● 병에 재운 레몬절임은 상온에서 설탕이 녹
을 때까지 1주일 정도 숙성시키고, 냉장고
에 보관하고 드시면 됩니다.

● 레몬 꿀차를 하얀 컵에 담아내면 클래식한
분위기를 연출할 수 있어요.

재료 준비하기

주재료
레몬 3개, 베이킹소다 3큰술, 다진 생강 1큰술,
꿀 1컵, 설탕 1컵, 소금 1작은술, 물 3컵

건강한 단맛을 위해 비정제 설탕과
꿀을 넣어 만들어 주세요.

1 레몬은 베이킹소다로 문지른 뒤 끓는 소금물
(물 3컵+소금 1작은술)에 20초 정도 담갔다 빼
서 씻는다.

2 레몬은 얇게 썰고, 다진 생강을 준비한다.

3 레몬과 생강에 설탕과 꿀을 넣어 섞는다.

4 열탕 소독한 병에 레몬절임을 차곡차곡 담고 1
주일 정도 실온에서 숙성시킨다.

레몬이 설탕에 충분히 재워지지 않으면
설탕을 추가로 넣어 주세요.

5 찻잔에 레몬 2~3조각과 레몬절임 국물을 2큰
술 넣은 후, 뜨거운 물을 부어 섞어 준다.

겨울철에 레몬을 꿀이나 설탕에 재운 레몬절임은 비타민 C가 풍부하
여 겨울철 아이들의 감기 예방을 위해 준비해서 만들어 먹으면 좋아요.
레몬절임으로 차를 만들어 먹을 때, 레몬차의 쓴맛이 날 때가 있는데,
레몬차의 쓴맛을 없애기 위해서는 레몬의 씨를 꼭 제거하고 레몬절임
을 만들어 주세요.

파자마 파티를 위한 모듬 카나페

겨울방학을 맞은 친구들과 여는 소중한 파자마 파티에서 먹을 수 있는 맛있는 핑거 푸드예요.
아이들과 함께 재미있게 만들고, 간단하게 먹을 수 있는 모듬 카나페는 보기에도 예뻐 테이블이 화사해져요.
더구나 먹기에도 좋아 아이들의 파티 음식으로 안성맞춤이에요.
치즈, 참치, 연어, 새우 등 아이들이 좋아하는 다양한 재료를 준비하여 카나페를 만들어 보세요.

얌선생 Tip

● 식빵이나 크래커 위에 올리는 재료에 따라 다양한 카나페를 만들 수 있어요.

● 카나페를 담을 때는 쟁반이나 넓은 접시, 나무도마 등 다양하게 활용할 수 있어요. 테이블 셋팅에 따라 활용해 보세요.

재료 준비하기

주재료
식빵 4장, 크래커 10개, 샌드위치용 햄 4장, 치즈 4장, 방울토마토 10개, 메추리알 10개, 블랙올리브 10개, 새싹채소 약간, 참치 캔 1개, 옥수수통조림 3큰술, 다진 양파 1큰술, 다진 파프리카 1큰술, 마요네즈 2큰술, 레몬즙 1/2큰술, 후춧가루 약간

쿠키틀이 없을 때는 빵을 칼로 네모지게 자르거나 가위로 동그랗게 오려 주세요.

1 쿠키틀을 이용하여 식빵을 잘라서 준비한다.

2 자른 식빵이 마르지 않도록 보관한다.

3 치즈와 햄을 작은 쿠키틀로 잘라서 준비한다.

4 메추리알은 삶은 뒤 껍질을 까서 준비한다.

5 참치 캔의 기름을 빼고, 옥수수, 다진 양파, 다진 파프리카를 준비한다.

6 5에 레몬즙을 넣어 준다.

7 6에 마요네즈와 후춧가루를 넣어 골고루 섞어 준다.

8 메추리알, 방울토마토, 블랙올리브를 2~3등분 한다.

9 식빵과 크래커 위에 준비한 재료들을 예쁘게 올린다.

주재료
펄이 들어간 A4종이,
가위, 자, 연필

종이별 만들기

파자마 파티에서는 파자마 파티의 분위기를
잘 내는 것이 중요해요. 풍선을 달아 파티 분
위기를 연출할 수도 있지만 아이들이 직접 예
쁜 종이로 오린 작품들로 방을 꾸며 주면 좋아
요. 아이들이 직접 꾸민 별 앞에서 친구들과
함께 한 추억이 담긴 예쁜 사진을 찍어 보는
것도 좋겠죠.

1 종이를 정사각형으로 자르고 사진의 순서대로
접어 준다.

2 접는 방법은 동일하게 하고 자르는 선을 여러
가지로 긋는다.

3 선을 따라서 가위로 오려 준다.

4 오리는 방법에 따라 다른 모양의 별이 완성된다.

5 여러 가지 별을 낚시줄을 이용하거나 양면테
이프를 이용해 벽에 장식한다.

파자마 파티 메뉴
친구들과 함께 만든 모듬 카나페(222쪽),
단호박 당근 스프(206쪽),
쿠키 & 레몬 꿀차(220쪽)을 참조하세요.

겨울방학 친구들과 즐기는 파자마 파티

우리가 흔히 말하는 파자마 파티(Pajamas Party)는 친한 친구들끼리 모여 파자마를 입고 밤새 수다를 떨며 하룻밤 노는 거예요. 파자마 파티는 아이들의 사회성을 기르려고 6~13세 또래의 아이들이 모여 하룻밤을 보내는 슬럼버 파티(Slumber Party)에서 유래했다고 해요. 그래서 파자마 파티를 슬럼버 파티 또는 슬립오버 파티(Sleepover Party)라고도 해요. 요즘 아이들에게 파자마 파티는 생일 파티만큼 중요하답니다. 방학 때 아이 친구들을 집으로 초대하여 시간 제약 없이 자유롭게 하루 종일 놀게 해주세요. 친구들과 소중한 추억을 쌓을 수 있을 거예요. 파자마 파티에 초대한 친구들과 함께 잠자는 방도 꾸며 보고, 파티 음식들도 함께 만들며 비밀스런 수다도 떨면서 친구들과 노는 하루는 아이에게 평생 잊을 수 없는 추억이 될 거예요.

파티 초대를 위한 초대장 준비하기

파자마 파티가 열리기 며칠 전, 파티 초대장을 만들어 주세요. 미리 파티 초대장을 받는다면, 기대감도 커지고 즐거움도 두 배가 될 거예요. 초대장에는 시간과 장소, 준비물 등을 적어 주면 되요. 준비물은 파자마, 베개, 잘 때 갖고 자는 인형 등으로 그날의 드레스 코드도 정해주면 좋을 것 같아요.

파자마 파티
즐기기

친구들과 모여 맛있는 음식을 먹고, 도란도란 밤새 수다를 떨면 아이들은 파티 시간이 너무 짧다고 생각할 거예요. 외국에서는 파자마 파티에서 서로 매니큐어와 페디큐어를 발라주거나 베개싸움 등을 한답니다. 엄마가 몇 가지만 소품을 준비해 주면 이처럼 더욱 즐거운 파티가 될 수 있어요. 즐거운 파자마 파티를 만드는 방법으로 친구들과 요리하기, 그림 그리기, 영화 보기, 보드게임 하기, 잠자기 전 오이 마사지해 주기 등을 추천해요.

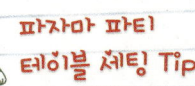

파자마 파티
테이블 세팅 Tip

테이블 위에 오렌지색 테이블보를 깔고, 작은 촛불을 켜서 따뜻한 느낌의 테이블을 만들어 주었어요. 테이블 위에 센터피스를 꽃 대신 과일과 파자마 파티 초대장을 놓아서 장식하고, 늦은 밤에 하는 파티이므로 조명은 너무 밝지 않도록 간접 조명만 켜서 파티의 분위기를 만들어 주세요.

PART 5. Setting
멋내기 셋팅법 노하우!

학부모가 된 엄마는 다른 학부모와의 관계,
아이의 교우 관계 등 신경 쓸 일이 생각보다 많아요.
집에서 엄마들의 티타임이나 브런치를 준비하거나 아이의 생일 파티를 준비할 때
필요한 특별한 상차림용 Party Ideas를 소개합니다.
엄마의 정성이 담긴 음식과 파티를 돋보이게 할 테이블 세팅으로 아이는 물론
엄마의 스트레스까지 날려 버릴 행복한 파티 시간을 만들어 보세요.

Setting

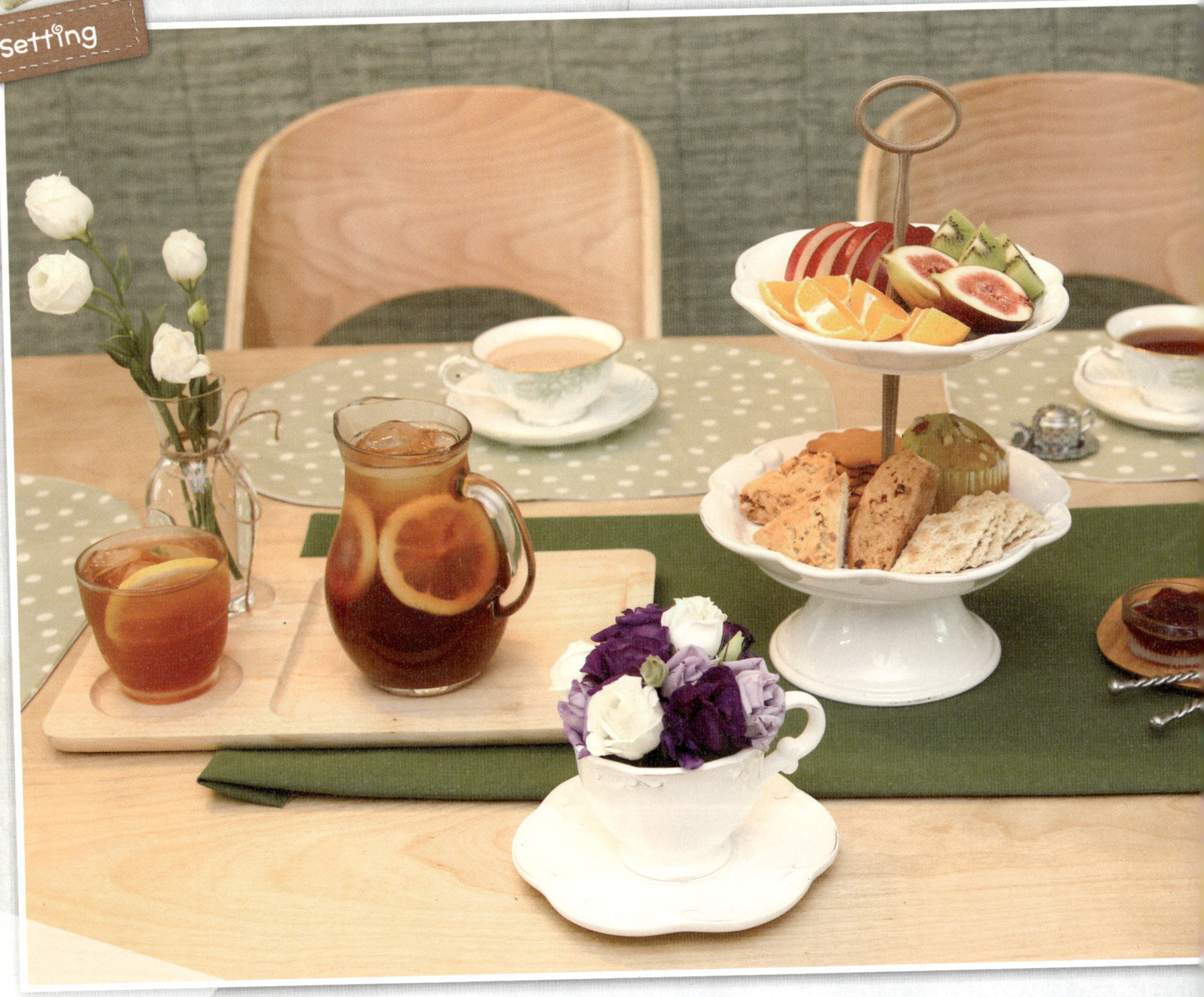

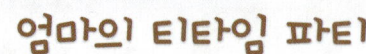

엄마의 티타임 파티

엄마들도 따뜻한 차 한 잔을 마시며 느긋하게 여유를 즐기고 싶을 때가 있어요. 특별한 이유 없이도 날씨를 핑계 삼아 차 한 잔의 여유를 만들어 보세요.

집에서 티타임을 가질 때 그릇과 소품에 조금만 신경을 쓴다면 색다른 티타임을 만들 수 있어요. 티 푸드를 만들거나 준비할 시간이 부족할 때는 시중에 파는 디저트를 이용하세요. 충분히 특급호텔의 애프터눈티 같은 분위기를 낼 수 있답니다. 아늑한 분위기의 홈카페에 친구들을 초대하여 바쁜 일상 속에서 잠시나마 여유롭고 행복한 시간을 가져 보세요.

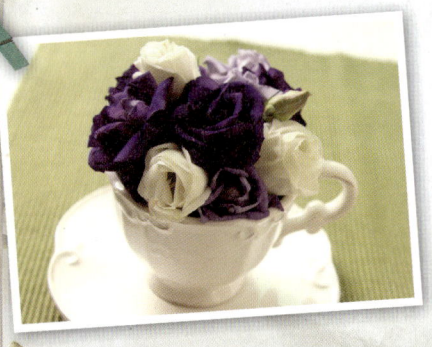

엄마들의 티타임 테이블 셋팅 Tip

초록색과 흰색이 조화를 이룬 테이블에 보라색의 미니 부케를 찻잔에 꽂아 테이블에 포인트를 주었어요. 정통 티파티처럼 하지 않고 격식을 따지지 않는 캐주얼한 티파티는 주변 사람들과 편안하게 즐길 수 있게 기본 테이블 세팅만으로 충분해요. 티파티는 식사가 아니므로 이단으로 된 스탠드 접시에 과일, 스콘, 쿠키 등 간단한 음식만 준비하세요. 취향에 따라 마실 수 있는 다양한 차를 준비해서 함께 세팅해 주세요.

우리집을 카페 같은 분위기로 바꾸는 노하우

🥣 예쁜 그릇으로 티 푸드와 차 준비하기

혼자만의 티타임에도 꼭 예쁜 잔과 그릇을 사용하세요. 예쁜 그릇을 보는 것만으로도 행복해진답니다. 여러 명의 손님을 초대했을 때는 커다란 메인 접시를 이용하여 여러 가지 디저트를 골고루 담거나 이단 접시를 사용하여 다양한 디저트를 아기자기하게 세팅해 보세요. 그릇 하나로 티타임 분위기가 달라질 거예요.

티타임에 가장 잘 어울리는 티 푸드로 스콘과 제철 과일이 있어요. 스콘은 비스킷과 비슷하지만 달지 않아요. 스콘을 가장 맛있게 먹는 방법은 스콘을 따뜻하게 데워 과일잼과 클로티드 크림을 올려먹는 거예요(클로티드 크림은 백화점 식품관이나 온라인 마켓에서 구입 가능). 클로티드 크림이 없다면 집에서 직접 만든 리코타치즈와 함께 과일잼을 발라 먹어도 좋아요(리코타치즈를 만드는 방법은 32쪽을 참조하세요).

🍵 테이블 세팅하기

테이블 매트나 작은 꽃병, 티타임과 어울리는 소품이 있다면, 분위기에 따라 티 테이블을 꾸며 보세요. 그릇은 풀세트로 세팅하기보다는 메인 컬러를 정한 뒤 비슷한 톤으로 테이블 매트와 그릇을 세팅하면 좋아요. 티타임이 더욱 화사해질 거예요.
풍성하고 화려하진 않더라도 약간의 센터피스를 준비한 뒤 티타임에 어울리는 찻잔이나 작은 유리병에 꽂아 테이블을 장식해 보세요.

🍵 티타임 홍차를 다양하게 즐기는 방법

따뜻한 홍차 홍차는 취향별로 다양하게 즐길 수 있는 차예요. 홍차에는 향이 가미되지 않은 클래식 홍차와 캐러멜, 베리 등의 향이 가미된 가향 홍차가 있어요. 따뜻하고 향기로운 홍차를 즐기려면 미리 뜨거운 물로 찻잔을 예열한 뒤 그 물을 버리고 새로운 물을 따라서 홍차를 우리면 되요. 보통 티백 홍차를 우릴 때는 2~3분 정도 우린 뒤 가볍게 흔들어서 티백을 빼세요. 티백을 눌러 짜면 떫은맛이 날 수 있으므로 주의하세요.

로얄 밀크티 밀크티에 어울리는 홍차는 기문, 다즐링, 잉글리시 블랙퍼스트 등 진한 홍차예요. 밀크티는 쿠키나 마카롱과 잘 어울려요. 로얄 밀크티(Royal Milk Tea)를 만들 때는 차와 우유의 비율을 1:1로 하면 되요. 물을 끓인 뒤 찻잎을 넣어 2~3분간 우려내고, 같은 양의 우유를 넣어 데우면 됩니다. 설탕이나 시럽을 넣은 뒤 찻잎을 걸러내면 맛있는 로얄 밀크티가 완성되요.

아이스티 아이스티용 홍차는 따뜻한 홍차를 우릴 때보다 두 배 정도 진하게 우려내세요. 홍차를 우릴 때는 2~3분 정도 우린 뒤 가볍게 흔들어서 빼고 얼음을 가득 채워주세요. 마지막에 레몬 슬라이스를 넣은 뒤 시럽이나 레몬즙을 조금 섞어 마시면 색다른 맛의 아이스티를 즐길 수 있어요.

HAPPY BIRTHDAY

아이 생일 파티

엄마라면 누구나 소중한 내 아이의 생일 파티를 특별하게 만들어 주고 싶어 하지요. 몇 가지 소품만으로 얼마든지 특별하고 멋진 생일 파티를 선사해 줄 수 있답니다. 아이 파티에서는 어떤 색상을 쓰고, 어떤 소품을 사용하는지가 가장 중요해요. 아이의 생일 파티를 준비할 때는 먼저 어떤 색상을 메인으로 하고, 어떤 콘셉트로 파티를 열지 생각하세요. 여자아이라면 핑크색을 테마로 하거나 아이가 좋아하는 공주 캐릭터를 테마로 해서 파티 준비를 할 수 있어요. 남자아이라면 파란색을 테마로 하거나 아이가 좋아하는 공룡 등을 테마로 정해서 파티 준비를 하면 되요. 파티 테마를 정했다면 어떤 그릇과 소품을 사용할지 구상한 뒤 요리 메뉴를 짜 보세요. 엄마가 행복한 마음으로 아이 생일 파티를 준비하면 아이도 덩달아 행복한 생일을 보낼 수 있답니다.

아이 생일 파티
테이블 셋팅 Tip

여자아이를 위한 생일 파티 테이블은 핑크와 보라색
으로 장식하고, 그릇은 흰색으로 통일하여 차분하게
세팅했어요. 케이크 스탠드와 접시 2개를 올린 이단
접시를 만들어 세팅하면 테이블에 높낮이를 줄 수 있
어 테이블이 더욱 풍성해져요. 아이들의 개인 접시는
가벼운 파스텔톤의 종이 접시 2개를 겹쳐서 사용하면
예쁘고, 아이들이 쓰기에 무겁지 않아 좋아요.

🌸🚣 아이 생일 파티 테이블 세팅하기

핑크색을 좋아하는 아이를 위해 사랑스런 핑크 생일 파티를 준비해 보았어요. 파스텔톤의 핑크 테이블 매트와 핑크색의 식기, 아기자기하고 간단한 파티 음식으로 아이의 생일 파티를 준비했어요. 테이블 주위에는 습자지로 만든 꽃볼을 매달아 파티 분위기를 한껏 살려 주세요.

엄마가 만든 꽃볼 장식 아이들의 파티 공간을 꾸밀 때 빠질 수 없는 것이 바로 풍선이에요. 풍선을 이용한 장식도 좋지만, 엄마가 직접 만든 꽃볼로 장식하면 파티 분위기를 더욱 로맨틱하고 풍성하게 연출할 수 있어요. 색깔이 있는 얇은 습자지나 얇은 망을 이용하여 꽃볼을 만들어 주세요.

10장씩 2개 만들어 주세요.

1 얇은 습자지 20장과 테이프, 낚싯줄을 준비한다.

2 10장을 부채 모양으로 16칸 정도로 접은 뒤 가운데 부분을 묶어서 고정한다.

3 양끝을 동그랗게 가위로 잘라 주고, 2개를 테이프로 붙여서 고정한다.

4 손으로 종이를 한 장씩 찢어지지 않게 펴 준다.

5 종이를 다 펴면 동그랗게 손으로 모양을 잡아 준다.

6 낚싯줄을 꽃볼 가운데에 묶고, 파티 공간에 매달아 준다.

이단 접시 만들어 디저트 담기 파티 테이블 위에 음식을 세팅할 때 그릇에 높낮이를 주면 음식이 한눈에 들어오고, 테이블이 입체감 있고 풍성해 보입니다. 케이크 스탠드나 이단 접시가 없다면, 접시를 여러 개 겹쳐서 높이를 달리하거나 접시 2개와 밥공기를 이용하여 이단 접시를 만들어 주세요. 직접 만든 이단 접시를 이용해 쿠키나 초콜릿 같은 디저트를 세팅해 보세요.

종이를 이용한 네임카드 & 테이블 매트 생일 파티에 초대한 아이들에게 네임카드를 준비해 주세요. 종이와 리본을 이용하여 만든 아이의 네임카드를 자리에 놓아 주면 초대받은 아이들은 더욱 특별한 느낌을 받을 거예요. 아이들의 접시와 컵을 놓는 개인 매트는 파티 콘셉트에 맞는 색상의 종이와 무늬가 들어간 포장지를 이용하여 간단하게 만들어 주세요. 종이 한 장은 30×40cm로 자르고, 무늬가 들어간 포장지 한 장은 약간 작게 잘라서 양면테이프를 이용하여 붙여 주면 된답니다.

아이 생일 파티 메뉴 만들기

아이들 파티 음식은 보기도 좋고 먹기도 편한 핑거 푸드 메뉴로 4~5가지 정도 음료와 함께 준비하면 되요. 간단하고 예쁜 핑거 푸드는 테이블의 장식으로도 활용할 수 있어 좋아요. 홈메이드 파티에서는 만들기 너무 어려운 메뉴보다는 엄마도 만들기 쉬운 간단한 메뉴를 준비하세요. 엄마가 모든 요리를 다 준비하기 어려울 때는 디저트나 몇 가지 음식을 사서 예쁘게 담기만 해도 좋아요.

생일 케이크

아이의 생일 케이크는 빵을 직접 구워 생크림을
발라서 만들 수도 있지만, 스펀지 케이크나 케이
크용 시트를 구입해서 생크림과 꽃으로 장식하면
10분 안에 멋진 케이크를 만들 수 있어요.

주재료
시판용 케이크 시트, 생크림 2컵 반(500㎖), 설탕 1큰술, 생과일
약간, 생화, 숫자 초

만들기
❶ 생크림 2컵 반(500㎖),에 설탕 30g을 넣어 손거품기나 핸드믹
　서를 이용하여 단단하게 생크림을 만든다.
❷ 케이크 시트를 2등분해서 자르고, 그 사이에 생크림과 생과일
　을 잘라 올린다.
❸ 케이크 시트에 생크림을 펴서 발라 준다.
❹ 생화를 깨끗이 씻어서 물기를 닦은 뒤 케이크 위에 장식한다.

떡 강정

조청은 국내산 쌀과 엿기름으로 만들어 인공적인
첨가물이 없고 아이들의 건강에 좋은 식품이에
요. 정신을 맑게 해주어 어린이, 청소년들에게 좋
은 조청은 떡하고도 잘 어울리는데, 아이들의 파
티 메뉴로 달콤한 조청과 호두를 넣은 떡강정을
만들어 보세요.

주재료
떡3컵(500g), 조청 5큰술, 다진 호두 3큰술, 검은깨 약간, 식용유
약간

만들기
❶ 떡을 2~3cm로 썰어 찬물에 씻어 준다.
❷ 호두는 프라이팬에 구운 뒤 잘게 다져 준다.
❸ 프라이팬에 식용유를 약간 두르고 떡을 구워 준다.
❹ 조청과 구운 호두, 검은깨를 넣어 섞어 준다.

토마토 치즈 꼬치

아이들의 파티 메뉴로 좋은 토마토 치즈 꼬치예요. 모차렐라치즈나 아이들이 먹기에 적당한 짜지 않은 단단한 치즈 종류를 이용해서 만들면 되요.

주재료
방울토마토 20개, 치즈 20조각, 바질이나 새싹채소 약간

드레싱
간장 1/2큰술, 올리브유 1큰술, 후춧가루 약간

만들기
❶ 방울토마토를 깨끗이 씻어 2등분한다.
❷ 토마토 사이에 작게 자른 치즈와 바질을 넣고 긴 꼬치를 꽂아 준다.
❸ 드레싱재료를 섞어 만들고 먹기 전에 뿌려 준다.

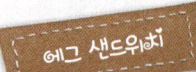

에그 샌드위치

아이들 파티 메뉴로 손으로 간단하게 들고 먹을 수 있는 샌드위치나 미니버거를 만들어 보세요.

주재료
식빵 8장, 계란 4개, 오이 1개, 샌드위치용 햄 4장, 마요네즈 3큰술, 홀그레인 머스터드 1작은술, 설탕 1작은술

만들기
❶ 계란을 삶아서 준비한다.
❷ 삶은 계란을 잘게 다지고, 마요네즈와 홀그레인 머스터드, 설탕을 넣어 섞어 준다.
❸ 오이는 얇게 썰어 준비한다.
❹ 빵, 계란, 오이, 햄, 빵 순서로 샌드위치를 만든다.

딸기 생크림 초코머핀

시판용 초코머핀을 준비해서 생크림과 딸기로 장식한 파티용 딸기 초코머핀이에요. 작은 크기의 초코머핀을 구입하거나 초코브라우니를 잘라서 만들어도 좋아요.

주재료
시판용 초코머핀 10개, 생크림 1컵, 설탕 1/2큰술, 딸기 5개, 장식용 스프링클 약간

만들기
❶ 생크림에 설탕을 약간 섞고, 휘핑하여 단단하게 크림을 만든다.
❷ 초코머핀의 볼록하게 올라온 윗부분을 칼로 잘라 준다.
❸ 생크림을 짤주머니에 넣어 초코머핀 위에 원형을 그리며 짠다.
❹ 딸기와 장식용 스프링클을 이용하여 장식한다.

자몽 에이드

자몽 주스와 매실액, 무가당 탄산수와 과일을 넣어 간단하게 만드는 파티 음료예요. 예쁜 컵에 매실액과 자몽 주스를 담고 무가당 탄산수와 과일만 잘라서 넣어 주면 예쁘고 건강한 파티 음료가 완성되요.

주재료
자몽 주스 2컵, 매실액 4큰술, 무가당 탄산수 2컵, 자몽 1/4개, 냉동베리 약간, 얼음 약간

만들기
❶ 자몽은 베이킹소다로 깨끗이 씻어 작게 잘라 준다.
❷ 투명한 유리저그에 자몽 주스, 매실액, 자몽, 냉동베리를 넣어 섞어 준다.
❸ 먹기 전에 얼음과 탄산수를 넣어 섞어준 뒤 컵에 따라 준다.

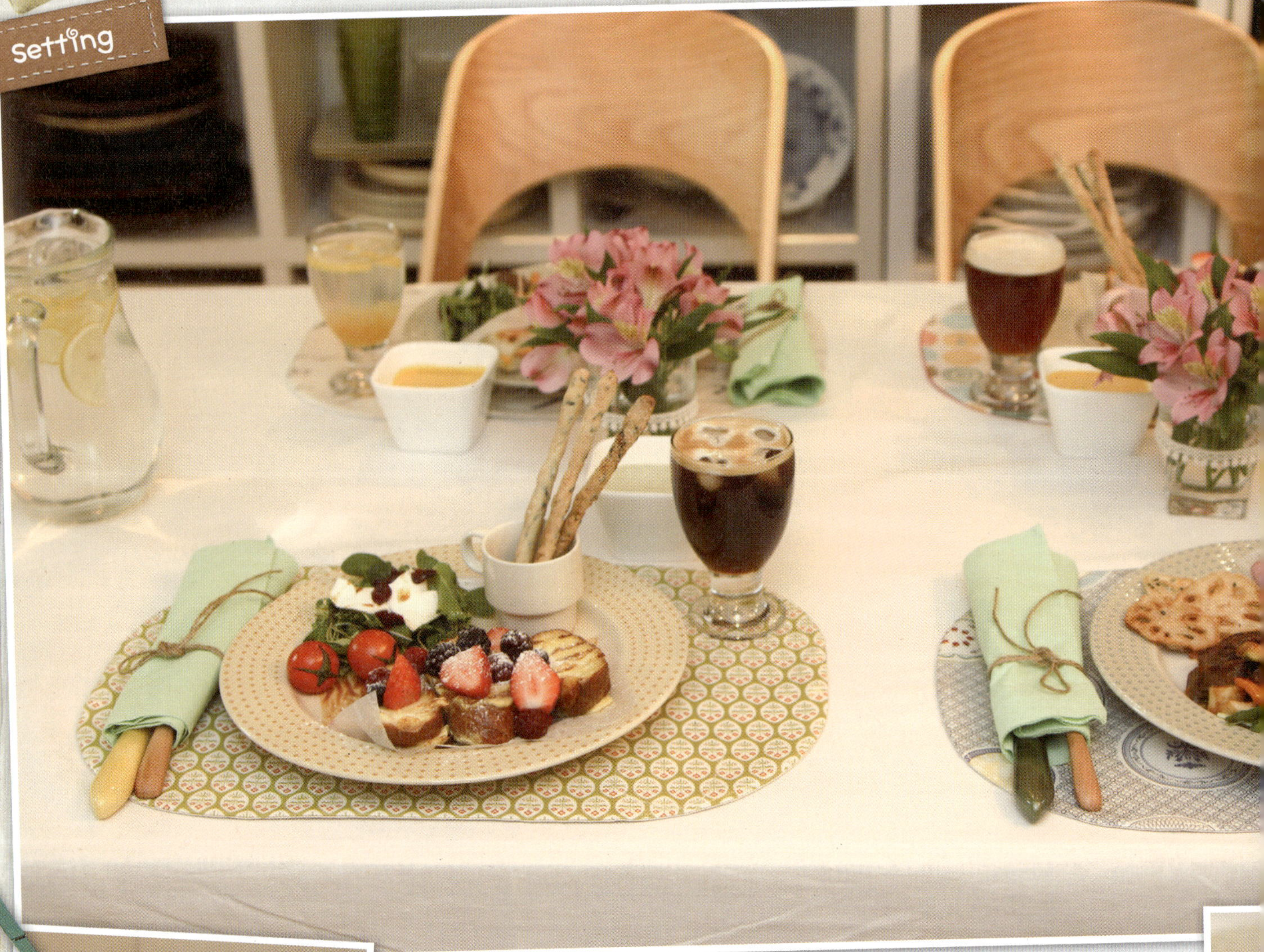

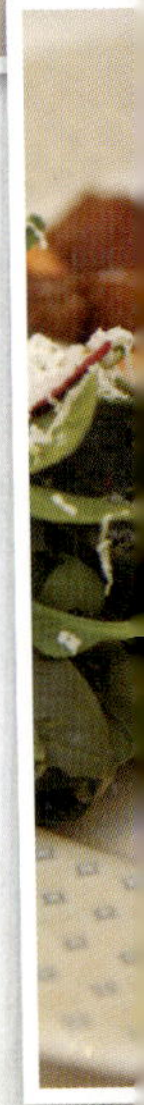

엄마들의 브런치 파티

브런치(Brunch, Breakfast Lunch)는 뉴욕의 저널리스트들이 바쁜 업무 때문에 아침을 거르고 한낮에 아침 겸 점심식사를 한 것에서 시작되었다고 해요. 늦은 아침 겸 점심식사를 뜻하는 브런치 메뉴로 팬케이크, 베이글, 오믈렛, 베이컨 등을 꼭 먹어야 하는 것은 아니에요. 좋은 사람들과 함께 한가로이 브런치를 즐길 수 있다면 어떤 메뉴든 어떤 장소든 상관없는 것 같아요. 기왕이면 더 여유 있게 즐길 수 있는 홈카페는 어떨까요? 간단하지만 건강한 음식을 준비해 집에서 하는 브런치도 좋을 것 같아요. 옆 테이블의 눈치를 보지 않아도 되니 맘껏 수다도 떨 수 있고, 몸에 좋은 맛있는 음식도 먹을 수 있잖아요. 이제, 엄마들만의 브런치 파티를 시작해 볼까요?

브런치 파티
테이블 셋팅 Tip

자연스러운 색상의 테이블에 핑크색 알스트로메리아
를 투명유리컵에 꽂아 센터피스로 포인트를 주었습니
다. 테이블 위에 놓은 센터피스는 음식과 맞은편에 앉
은 사람을 가리지 않게 낮게 장식했어요. 긴 막대과자
는 에스프레소 커피잔에 담아 색다르게 활용해 보았
어요.

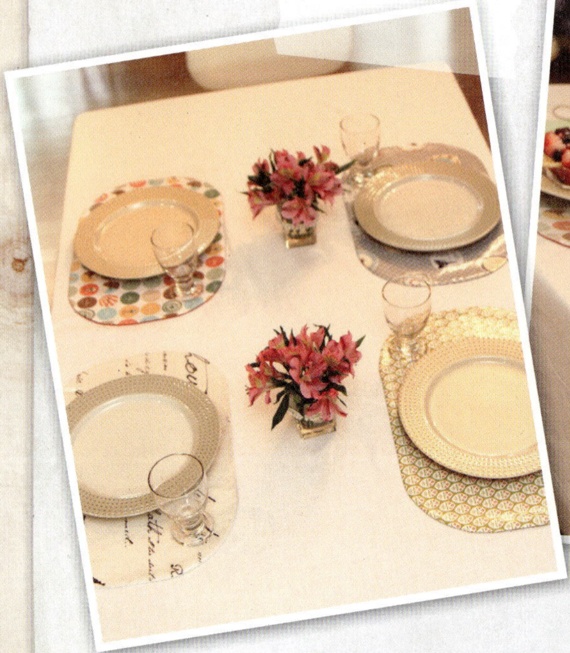

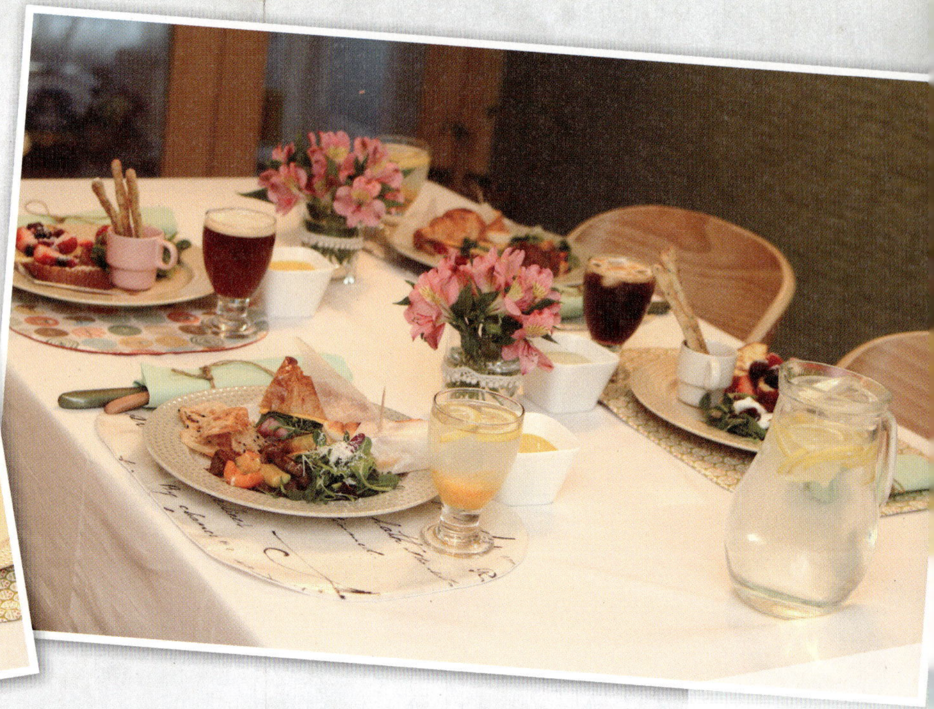

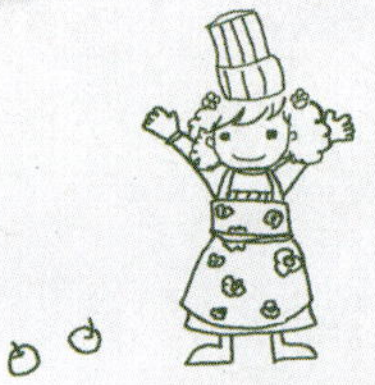

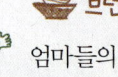

브런치 테이블 세팅하기

엄마들의 브런치 파티는 모처럼 여유도 부리고 한껏 수다도 떨며 즐길 수 있는 시간이에요. 편안하게 즐길 수 있는 자연스러운 느낌으로 브런치 테이블을 꾸며 보세요. 예쁜 파스텔톤의 매트를 깔고 여기에 어울리는 편안한 색상의 식기에 음식을 담아 브런치 테이블을 완성해 보세요.

테이블 센터피스 편안하고 자연스런 분위기의 브런치 테이블에 핑크빛 알스트로메리아로 놓아 주세요. 투명 유리컵에 양면테이프로 레이스를 붙이고, 핑크빛 알스트로메리아를 짧게 잘라서 꽂아 주세요. 센터피스는 음식을 먹을 때 거추장스럽지 않고, 맞은편에 앉은 사람이 잘 보일 수 있도록 높지 않게 꽂는 것이 좋아요. 꽃향기가 가득한 테이블에 앉아 있는 것만으로도 행복한 시간이 될 거예요.

다용도로 사용하는 종이 샌드위치나 토스트 같은 음식은 접시에 기름종이를 깔면 깔끔하고 예쁘게 세팅할 수 있어요. 예쁜 패턴의 종이냅킨은 테이블 매트로 사용하거나 커트러리를 쌀 때 좋아요. 패브릭으로 만든 테이블 매트가 없을 때는 집에 남은 벽지를 이용하여 테이블 러너나 테이블 매트를 만들어 보세요.

파스텔톤의 개인 매트 & 파스텔톤 접시 개인 매트 위에 접시를 세팅하면 접시만 따로 세팅한 것보다 훨씬 정성스러워 보여요. 모두 같은 무늬의 매트를 사용해도 좋지만, 느낌이 비슷한 다른 무늬의 서로 어울리는 매트를 사용하는 것이 더 편안하고 자연스러워 보일 수 있어요. 접시는 두 가지 정도의 색상을 섞어서 사용하면 무난해요. 접시 색상을 선택하기가 어렵다면 흰색 그릇을 사용하면 되고, 메인 접시의 크기는 25cm 이상의 큰 접시를 사용해서 담는 것이 음식을 더 멋스럽게 보이게 해요!

레몬을 띄운 투명유리저그 투명 유리 소재의 그릇은 어디에나 무난하게 어울리는 그릇이에요. 물을 낼 때는 투명유리저그에 레몬을 몇 조각 띄워 준비해 주세요. 훨씬 더 센스 있는 테이블이 될 거예요.

🥣 브런치 메뉴 만들기

책에서 소개한 레시피를 활용하여 특별한 브런치 메뉴를 구성해 보았어요. 대표적인 브런치 메뉴인 샌드위치와 프렌치 토스트를 이용하여 각각 두 가지 스타일의 브런치 메뉴를 만들었답니다. 서로 다른 종류의 건강하고 맛있는 브런치 메뉴로 손쉽게 테이블을 차려 보세요.

Menu A.

크루아상 샌드위치(만드는 방법은 96쪽을 참조하세요.)
촙스테이크 샐러드(만드는 방법은 130쪽을 참조하세요.)
연근 튀김(만드는 방법은 210쪽을 참조하세요.)
단호박 당근 스프(만드는 방법은 206쪽을 참조하세요.)
유자에이드(만드는 방법은 144쪽을 참조하세요.)

Menu B.

과일 프렌치 토스트(만드는 방법은 196쪽을 참조하세요.)
리코타치즈 양상추 샐러드(만드는 방법은 32쪽을 참조하세요.)
검은깨 두부과자(만드는 방법은 218쪽을 참조하세요.)
브로콜리 치즈 스프(만드는 방법은 190쪽을 참조하세요.)
아이스커피